U0156634

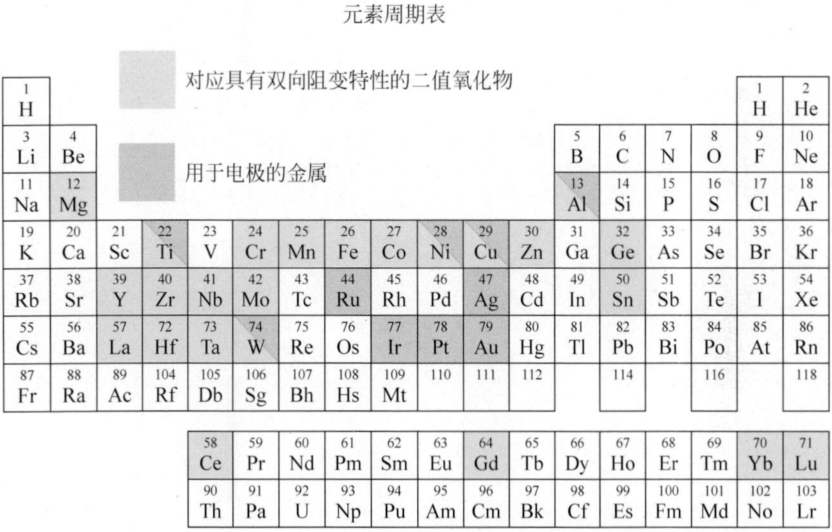

元素周期表

对应具有双向阻变特性的二值氧化物

用于电极的金属

1 H																1 H	2 He
3 Li	4 Be																
3 Li	4 Be											5 B	6 C	7 N	8 O	9 F	10 Ne
11 Na	12 Mg											13 Al	14 Si	15 P	16 S	17 Cl	18 Ar
19 K	20 Ca	21 Sc	22 Ti	23 V	24 Cr	25 Mn	26 Fe	27 Co	28 Ni	29 Cu	30 Zn	31 Ga	32 Ge	33 As	34 Se	35 Br	36 Kr
37 Rb	38 Sr	39 Y	40 Zr	41 Nb	42 Mo	43 Tc	44 Ru	45 Rh	46 Pd	47 Ag	48 Cd	49 In	50 Sn	51 Sb	52 Te	53 I	54 Xe
55 Cs	56 Ba	57 La	72 Hf	73 Ta	74 W	75 Re	76 Os	77 Ir	78 Pt	79 Au	80 Hg	81 Tl	82 Pb	83 Bi	84 Po	85 At	86 Rn
87 Fr	88 Ra	89 Ac	104 Rf	105 Db	106 Sg	107 Bh	108 Hs	109 Mt	110	111	112		114		116		118

58 Ce	59 Pr	60 Nd	61 Pm	62 Sm	63 Eu	64 Gd	65 Tb	66 Dy	67 Ho	68 Er	69 Tm	70 Yb	71 Lu
90 Th	91 Pa	92 U	93 Np	94 Pu	95 Am	96 Cm	97 Bk	98 Cf	99 Es	100 Fm	101 Md	102 No	103 Lr

图 1.3　文献中阻变存储器的电极与阻变功能层的材料总结[72]

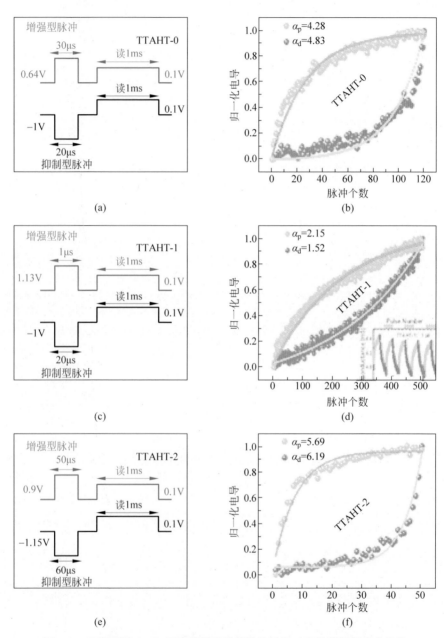

图 1.8 三组不同 Al_2O_3 厚度的器件的脉冲波形与对应的模拟阻变曲线和

非线性拟合曲线[96]

注：图(a)、(c)、(e)为脉冲波形，图(b)、(d)、(f)为拟合曲线；Al_2O_3 厚度自上至下分别为 0nm、1nm、2nm。

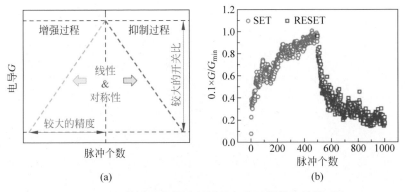

(a)

(b)

图 2.3　面向神经网络的理想器件与实际器件特性的对比

（a）理想器件；（b）实际器件[112]

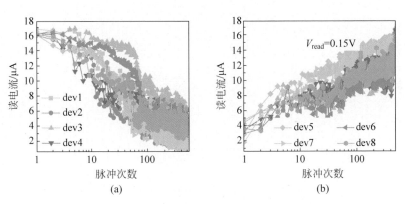

(a)

(b)

图 2.9　脉冲激励下不同器件的脉冲扫描曲线

（a）RESET 过程；（b）SET 过程

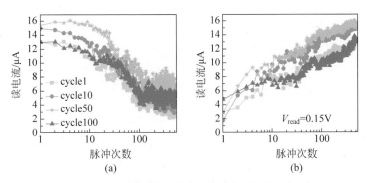

(a)

(b)

图 2.10　不同循环次数后器件的脉冲扫描曲线

（a）RESET 过程；（b）SET 过程

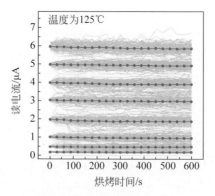

图 3.2　高温烘烤下模拟型阻变存储器多个阻态的数据保持特性行为

注：灰色线为实测数据,红色线为均值

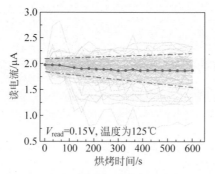

图 3.3　初始阻态为 2.0μA 的器件电流分布随数据保持时间的变化

注：灰色线为实测数据,红色线为均值

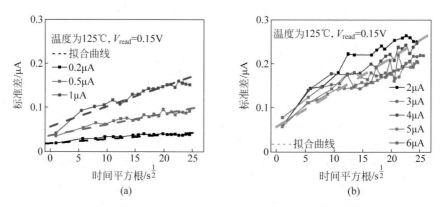

(a)　　　　　　　　　　　　　　(b)

图 3.5　在 125℃下 8 个阻态电流分布的标准差与数据保持时间的关系

（a）初始阻态为较高阻态的拟合曲线；（b）初始阻态为较低阻态的拟合曲线

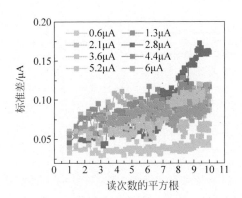

图 3.9　阵列中 8 个阻态的读噪声的标准差与读次数的关系

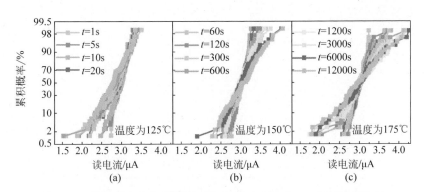

图 3.11　模拟型阻变存储器阵列在 125℃、150℃ 和 175℃ 下的读电流
分布的累积概率分布图

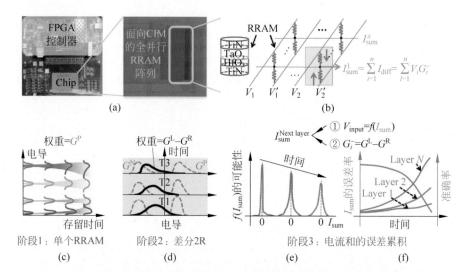

图 3.14　面向神经网络的差分式模拟型阻变存储器的数据保持特性研究示意图

(a) 全并行模拟型阻变存储器阵列的照片和存算一体系统的照片；(b) 差分式阻变存储器(2T2R)
阵列示意图；(c) 1T1R 表示一个权重时器件的数据保持特性行为特征；(d) 2T2R 表示一个
权重时器件的数据保持特性行为特征；(e) 2T2R 阵列中列电流和的概率分布随时间的变化
示意图；(f) 列电流和的错误率与准确率与数据保持时间的关系示意图

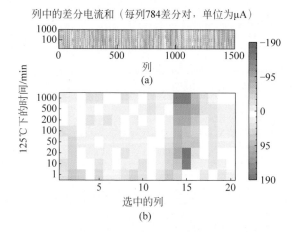

图 3.15　差分阵列中列电流和随时间的变化

(a) 整体变化；(b) 随机挑选的 20 列的列电流和随时间的变化

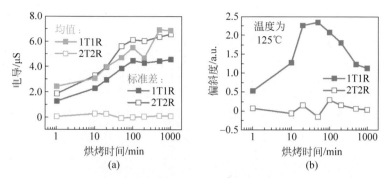

(a)　　　　　　　　　　　　　(b)

图 3.16　阻变存储器和差分式阻变存储器阵列中电导分布的均值
和标准差及偏斜度随时间的变化关系

（a）电导分布的均值和标准差；（b）偏斜度随时间的变化关系

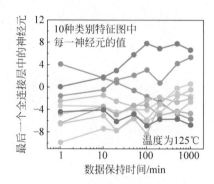

图 3.27　RESNET-20 中全连接层中 10 个神经元的值与数据保持时间的变化关系

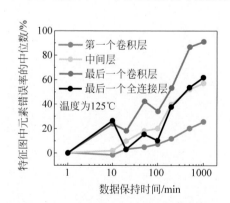

图 3.28　多层特征图中元素错误率的中位数与数据保持时间的关系

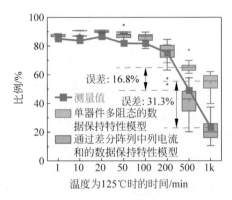

图 3.29　面向 CIFAR-10 分类任务的神经网络准确率与数据保持时间的关系

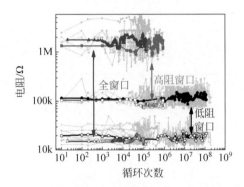

图 4.1　三种典型的动态范围和耐擦写次数的关系

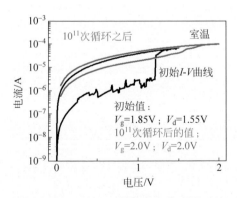

图 4.9　器件经历了小步长增量阻变 10^{11} 次前后的 I-V 曲线

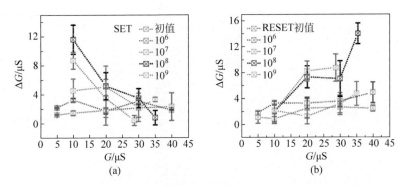

图 4.11　特定的小步长增量阻变次数后各个阻态的电导变化量

（a）SET 过程；（b）RESET 过程

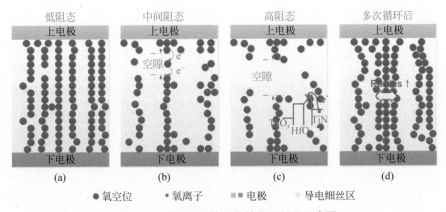

图 4.14　循环耐久性退化的物理机理示意图

清华大学优秀博士学位论文丛书

面向神经网络的模拟型阻变存储器的可靠性研究

赵美然（Zhao Meiran）著

Reliability Research of Analog Resistive Random Access Memory for Neural Networks

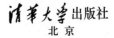

清华大学出版社
北京

内 容 简 介

神经网络计算引发了新一轮信息技术革命,也对硬件的性能提出了更高的需求。基于模拟型阻变存储器的存算一体系统可以有效缓解存储墙问题,阻变存储器的可靠性退化问题是影响存算一体系统准确率的关键因素,当前尚缺乏面向神经网络应用的可靠性研究。

本书从神经网络计算的应用需求出发,建立了从器件到系统的跨层次可靠性分析与评估框架;围绕模拟型阻变存储器的数据保持特性建立了适用于多阻态、多温度和多阵列形态的阵列级保持特性退化模型;针对现有的循环耐久性表征方法难以模拟在线训练时权重更新的问题提出了小步长增量阻变方法,并通过阶段式采样模拟阻变曲线证明了循环耐久性的耦合效应是导致在线训练准确率损失的直接原因。

本书可供从事神经网络计算、阻变存储器、可靠性研究的高校师生、科研院所研究人员及相关技术人员阅读参考。

图书在版编目(CIP)数据

面向神经网络的模拟型阻变存储器的可靠性研究/赵美然著.—北京:清华大学出版社,2024.4
　(清华大学优秀博士学位论文丛书)
　ISBN 978-7-302-65830-6

Ⅰ. ①面… Ⅱ. ①赵… Ⅲ. ①人工神经网络－存贮器－可靠性－研究 Ⅳ. ①TP183

中国国家版本馆 CIP 数据核字(2024)第 061132 号

责任编辑:孙亚楠
封面设计:傅瑞学
责任校对:赵丽敏
责任印制:曹婉颖

出版发行:清华大学出版社
　　　网　　址:https://www.tup.com.cn, https://www.wqxuetang.com
　　　地　　址:北京清华大学学研大厦 A 座　　　邮　　编:100084
　　　社 总 机:010-83470000　　　邮　　购:010-62786544
　　　投稿与读者服务:010-62776969, c-service@tup.tsinghua.edu.cn
　　　质量反馈:010-62772015, zhiliang@tup.tsinghua.edu.cn
印 装 者:三河市东方印刷有限公司
经　　销:全国新华书店
开　　本:155mm×235mm　　印 张:9　　插 页:5　　字　　数:159 千字
版　　次:2024 年 5 月第 1 版　　印　　次:2024 年 5 月第 1 次印刷
定　　价:79.00 元

产品编号:102151-01

一流博士生教育
体现一流大学人才培养的高度（代丛书序）^①

人才培养是大学的根本任务。只有培养出一流人才的高校，才能够成为世界一流大学。本科教育是培养一流人才最重要的基础，是一流大学的底色，体现了学校的传统和特色。博士生教育是学历教育的最高层次，体现出一所大学人才培养的高度，代表着一个国家的人才培养水平。清华大学正在全面推进综合改革，深化教育教学改革，探索建立完善的博士生选拔培养机制，不断提升博士生培养质量。

学术精神的培养是博士生教育的根本

学术精神是大学精神的重要组成部分，是学者与学术群体在学术活动中坚守的价值准则。大学对学术精神的追求，反映了一所大学对学术的重视、对真理的热爱和对功利性目标的摒弃。博士生教育要培养有志于追求学术的人，其根本在于学术精神的培养。

无论古今中外，博士这一称号都和学问、学术紧密联系在一起，和知识探索密切相关。我国的博士一词起源于 2000 多年前的战国时期，是一种学官名。博士任职者负责保管文献档案、编撰著述，须知识渊博并负有传授学问的职责。东汉学者应劭在《汉官仪》中写道："博者，通博古今；士者，辩于然否。"后来，人们逐渐把精通某种职业的专门人才称为博士。博士作为一种学位，最早产生于 12 世纪，最初它是加入教师行会的一种资格证书。19 世纪初，德国柏林大学成立，其哲学院取代了以往神学院在大学中的地位，在大学发展的历史上首次产生了由哲学院授予的哲学博士学位，并赋予了哲学博士深层次的教育内涵，即推崇学术自由、创造新知识。哲学博士的设立标志着现代博士生教育的开端，博士则被定义为独立从事学术研究、具备创造新知识能力的人，是学术精神的传承者和光大者。

---

① 本文首发于《光明日报》，2017 年 12 月 5 日。

博士生学习期间是培养学术精神最重要的阶段。博士生需要接受严谨的学术训练,开展深入的学术研究,并通过发表学术论文、参与学术活动及博士论文答辩等环节,证明自身的学术能力。更重要的是,博士生要培养学术志趣,把对学术的热爱融入生命之中,把捍卫真理作为毕生的追求。博士生更要学会如何面对干扰和诱惑,远离功利,保持安静、从容的心态。学术精神,特别是其中所蕴含的科学理性精神、学术奉献精神,不仅对博士生未来的学术事业至关重要,对博士生一生的发展都大有裨益。

独创性和批判性思维是博士生最重要的素质

博士生需要具备很多素质,包括逻辑推理、言语表达、沟通协作等,但是最重要的素质是独创性和批判性思维。

学术重视传承,但更看重突破和创新。博士生作为学术事业的后备力量,要立志于追求独创性。独创意味着独立和创造,没有独立精神,往往很难产生创造性的成果。1929 年 6 月 3 日,在清华大学国学院导师王国维逝世二周年之际,国学院师生为纪念这位杰出的学者,募款修造"海宁王静安先生纪念碑",同为国学院导师的陈寅恪先生撰写了碑铭,其中写道:"先生之著述,或有时而不章;先生之学说,或有时而可商;惟此独立之精神,自由之思想,历千万祀,与天壤而同久,共三光而永光。"这是对于一位学者的极高评价。中国著名的史学家、文学家司马迁所讲的"究天人之际,通古今之变,成一家之言"也是强调要在古今贯通中形成自己独立的见解,并努力达到新的高度。博士生应该以"独立之精神、自由之思想"来要求自己,不断创造新的学术成果。

诺贝尔物理学奖获得者杨振宁先生曾在 20 世纪 80 年代初对到访纽约州立大学石溪分校的 90 多名中国学生、学者提出:"独创性是科学工作者最重要的素质。"杨先生主张做研究的人一定要有独创的精神、独到的见解和独立研究的能力。在科技如此发达的今天,学术上的独创性变得越来越难,也愈加珍贵和重要。博士生要树立敢为天下先的志向,在独创性上下功夫,勇于挑战最前沿的科学问题。

批判性思维是一种遵循逻辑规则、不断质疑和反省的思维方式,具有批判性思维的人勇于挑战自己,敢于挑战权威。批判性思维的缺乏往往被认为是中国学生特有的弱项,也是我们在博士生培养方面存在的一个普遍问题。2001 年,美国卡内基基金会开展了一项"卡内基博士生教育创新计划",针对博士生教育进行调研,并发布了研究报告。该报告指出:在美国和欧洲,培养学生保持批判而质疑的眼光看待自己、同行和导师的观点同样非常不容易,批判性思维的培养必须成为博士生培养项目的组成部分。

对于博士生而言,批判性思维的养成要从如何面对权威开始。为了鼓励学生质疑学术权威、挑战现有学术范式,培养学生的挑战精神和创新能力,清华大学在 2013 年发起"巅峰对话",由学生自主邀请各学科领域具有国际影响力的学术大师与清华学生同台对话。该活动迄今已经举办了 21 期,先后邀请 17 位诺贝尔奖、3 位图灵奖、1 位菲尔兹奖获得者参与对话。诺贝尔化学奖得主巴里·夏普莱斯(Barry Sharpless)在 2013 年 11 月来清华参加"巅峰对话"时,对于清华学生的质疑精神印象深刻。他在接受媒体采访时谈道:"清华的学生无所畏惧,请原谅我的措辞,但他们真的很有胆量。"这是我听到的对清华学生的最高评价,博士生就应该具备这样的勇气和能力。培养批判性思维更难的一层是要有勇气不断否定自己,有一种不断超越自己的精神。爱因斯坦说:"在真理的认识方面,任何以权威自居的人,必将在上帝的嬉笑中垮台。"这句名言应该成为每一位从事学术研究的博士生的箴言。

提高博士生培养质量有赖于构建全方位的博士生教育体系

一流的博士生教育要有一流的教育理念,需要构建全方位的教育体系,把教育理念落实到博士生培养的各个环节中。

在博士生选拔方面,不能简单按考分录取,而是要侧重评价学术志趣和创新潜力。知识结构固然重要,但学术志趣和创新潜力更关键,考分不能完全反映学生的学术潜质。清华大学在经过多年试点探索的基础上,于 2016 年开始全面实行博士生招生"申请-审核"制,从原来的按照考试分数招收博士生,转变为按科研创新能力、专业学术潜质招收,并给予院系、学科、导师更大的自主权。《清华大学"申请-审核"制实施办法》明晰了导师和院系在考核、遴选和推荐上的权力和职责,同时确定了规范的流程及监管要求。

在博士生指导教师资格确认方面,不能论资排辈,要更看重教师的学术活力及研究工作的前沿性。博士生教育质量的提升关键在于教师,要让更多、更优秀的教师参与到博士生教育中来。清华大学从 2009 年开始探索将博士生导师评定权下放到各学位评定分委员会,允许评聘一部分优秀副教授担任博士生导师。近年来,学校在推进教师人事制度改革过程中,明确教研系列助理教授可以独立指导博士生,让富有创造活力的青年教师指导优秀的青年学生,师生相互促进、共同成长。

在促进博士生交流方面,要努力突破学科领域的界限,注重搭建跨学科的平台。跨学科交流是激发博士生学术创造力的重要途径,博士生要努力提升在交叉学科领域开展科研工作的能力。清华大学于 2014 年创办了"微沙龙"平台,同学们可以通过微信平台随时发布学术话题,寻觅学术伙伴。3 年来,博士生参与和发起"微沙龙"12 000 多场,参与博士生达 38 000 多人次。"微沙龙"促进了不同学科学生之间的思想碰撞,激发了同学们的学术志趣。清华于 2002 年创办了博士生论坛,论坛由同学自己组织,师生共同参与。博士生论坛持续举办了 500 期,开展了 18 000 多场学术报告,切实起到了师生互动、教学相长、学科交融、促进交流的作用。学校积极资助博士生到世界一流大学开展交流与合作研究,超过 60% 的博士生有海外访学经历。清华于 2011 年设立了发展中国家博士生项目,鼓励学生到发展中国家亲身体验和调研,在全球化背景下研究发展中国家的各类问题。

在博士学位评定方面,权力要进一步下放,学术判断应该由各领域的学者来负责。院系二级学术单位应该在评定博士论文水平上拥有更多的权力,也应担负更多的责任。清华大学从 2015 年开始把学位论文的评审职责授权给各学位评定分委员会,学位论文质量和学位评审过程主要由各学位分委员会进行把关,校学位委员会负责学位管理整体工作,负责制度建设和争议事项处理。

全面提高人才培养能力是建设世界一流大学的核心。博士生培养质量的提升是大学办学质量提升的重要标志。我们要高度重视、充分发挥博士生教育的战略性、引领性作用,面向世界、勇于进取,树立自信、保持特色,不断推动一流大学的人才培养迈向新的高度。

邱勇

清华大学校长

2017 年 12 月

丛书序二

以学术型人才培养为主的博士生教育，肩负着培养具有国际竞争力的高层次学术创新人才的重任，是国家发展战略的重要组成部分，是清华大学人才培养的重中之重。

作为首批设立研究生院的高校，清华大学自20世纪80年代初开始，立足国家和社会需要，结合校内实际情况，不断推动博士生教育改革。为了提供适宜博士生成长的学术环境，我校一方面不断地营造浓厚的学术氛围，一方面大力推动培养模式创新探索。我校从多年前就已开始运行一系列博士生培养专项基金和特色项目，激励博士生潜心学术、锐意创新，拓宽博士生的国际视野，倡导跨学科研究与交流，不断提升博士生培养质量。

博士生是最具创造力的学术研究新生力量，思维活跃，求真求实。他们在导师的指导下进入本领域研究前沿，吸取本领域最新的研究成果，拓宽人类的认知边界，不断取得创新性成果。这套优秀博士学位论文丛书，不仅是我校博士生研究工作前沿成果的体现，也是我校博士生学术精神传承和光大的体现。

这套丛书的每一篇论文均来自学校新近每年评选的校级优秀博士学位论文。为了鼓励创新，激励优秀的博士生脱颖而出，同时激励导师悉心指导，我校评选校级优秀博士学位论文已有20多年。评选出的优秀博士学位论文代表了我校各学科最优秀的博士学位论文的水平。为了传播优秀的博士学位论文成果，更好地推动学术交流与学科建设，促进博士生未来发展和成长，清华大学研究生院与清华大学出版社合作出版这些优秀的博士学位论文。

感谢清华大学出版社，悉心地为每位作者提供专业、细致的写作和出版指导，使这些博士论文以专著方式呈现在读者面前，促进了这些最新的优秀研究成果的快速广泛传播。相信本套丛书的出版可以为国内外各相关领域或交叉领域的在读研究生和科研人员提供有益的参考，为相关学科领域的发展和优秀科研成果的转化起到积极的推动作用。

感谢丛书作者的导师们。这些优秀的博士学位论文,从选题、研究到成文,离不开导师的精心指导。我校优秀的师生导学传统,成就了一项项优秀的研究成果,成就了一大批青年学者,也成就了清华的学术研究。感谢导师们为每篇论文精心撰写序言,帮助读者更好地理解论文。

感谢丛书的作者们。他们优秀的学术成果,连同鲜活的思想、创新的精神、严谨的学风,都为致力于学术研究的后来者树立了榜样。他们本着精益求精的精神,对论文进行了细致的修改完善,使之在具备科学性、前沿性的同时,更具系统性和可读性。

这套丛书涵盖清华众多学科,从论文的选题能够感受到作者们积极参与国家重大战略、社会发展问题、新兴产业创新等的研究热情,能够感受到作者们的国际视野和人文情怀。相信这些年轻作者们勇于承担学术创新重任的社会责任感能够感染和带动越来越多的博士生,将论文书写在祖国的大地上。

祝愿丛书的作者们、读者们和所有从事学术研究的同行们在未来的道路上坚持梦想,百折不挠! 在服务国家、奉献社会和造福人类的事业中不断创新,做新时代的引领者。

相信每一位读者在阅读这一本本学术著作的时候,在吸取学术创新成果、享受学术之美的同时,能够将其中所蕴含的科学理性精神和学术奉献精神传播和发扬出去。

清华大学研究生院院长

2018 年 1 月 5 日

导师序言

模拟型阻变存储器是当前集成电路领域的前沿和热点方向之一,受到国内外学术界和工业界的广泛关注。模拟型阻变存储器的可靠性退化模型和机理分析以及对神经网络的影响是其中一项非常重要的研究课题。赵美然博士的学位论文围绕着模拟型阻变存储器及其在存算一体系统中的可靠性问题展开研究。这项工作是极具探索性和挑战性的,实现了从数字型阻变存储器向模拟型阻变存储器的突破,具有重要的学术意义和实际应用价值。

赵美然博士在攻读博士学位期间,展现出了卓越的研究能力和创新精神。她不仅在理论上深入探索了模拟型阻变存储器的可靠性退化模型和机理,而且针对神经网络的影响进行了系统性的分析和评估。研究建立了一个跨层次的可靠性分析与评估框架,在框架中提出了面向神经网络的可靠性评估方法、可靠性表征方法,以及建模和量化方法,都是极具创新性的成果。特别是循环耐久性表征方法,极大地提高了测试效率。这一成果已被Tektronix公司采纳并开发成标准测试模块,显示了其实际应用的巨大潜力。

此外,本研究在模拟型阻变存储器的数据保持特性研究方面也取得了重要进展。研究首次基于统计学方法建立了适用于多阻态、多温度和多阵列形态的阵列级保持特性退化模型,为评估保持退化特性对系统准确率的影响提供了新的视角。这一研究成果不仅得到了国内外学者的广泛认可,也为后续的研究提供了坚实的基础。

在解决现有循环耐久性表征方法难以模拟在线训练权重更新的问题上,本研究提出了小步长增量阻变方法,并成功实现了 10^{11} 次的电导更新,这一成果对于满足在线训练需求具有重要意义,也得到了 IBM 首席研究员 Burr 博士的高度评价。

赵美然博士在这项重要课题中取得了多项创新研究成果,相关文章发表在国际顶级会议 IEDM 和国际知名期刊上,包括一篇"ESI 高被引论文",

赢得本领域同行的高度认同。赵美然博士也获得了"中国电子学会集成电路奖学金特等奖"和"国家奖学金"等荣誉,受到业内专家的充分肯定。作为她的导师,我为她在集成电路领域的成就和贡献感到骄傲。她的博士学位论文不仅写作规范、逻辑性强,在学术层面也具有一定价值,我相信她的研究成果将为广大学者与从业者提供启示。

高滨,博士

清华大学集成电路学院长聘副教授

国家高层次人才特聘教授

摘　要

当前,神经网络计算在诸多领域取得突破,引发了新一轮信息技术革命,但也对硬件载体的性能和能效提出了更高的需求。基于模拟型阻变存储器的存算一体系统有效缓解了存储墙问题,有望实现高性能、低功耗计算。阻变存储器的可靠性退化问题是影响存算一体系统准确率的关键因素,然而,前期的可靠性研究多面向存储应用,尚缺乏面向神经网络应用的可靠性研究。阻变存储器可靠性研究存在的挑战包括:不同于具有较高退化容忍度的传统存储应用,神经网络应用中的系统准确率对器件可靠性退化引起的电导变化更为敏感,器件可靠性退化的影响程度尚待澄清;网络训练中电导的更新方式与存储应用中的循环擦写方式不同,前期的可靠性表征方法难以适用于神经网络中。针对上述问题,本书围绕面向神经网络的模拟型阻变存储器的可靠性评估和表征方法开展研究,取得的创新成果如下:

(1) 从神经网络计算的应用需求出发,建立了从器件到系统的跨层次可靠性分析与评估框架。在框架中提出了面向神经网络的可靠性的评估方法、表征方法及可靠性影响的量化方法,循环耐久性测试效率提升超过700倍,为多方位评估模拟型阻变存储器可靠性退化对系统准确率的影响提供了方法指导。

(2) 围绕模拟型阻变存储器的数据保持特性,针对缺乏保持退化模型的问题,从统计的角度建立了适用于多阻态、多温度和多阵列形态的阵列级保持特性退化模型,利用所提出的可靠性影响量化方法,评估了保持特性退化对系统准确率的影响,确定了特定神经网络应用离线训练对器件数据保持特性的最低需求,并提出了相关优化方法。

(3) 针对现有的循环耐久性表征方法难以模拟在线训练时权重更新的问题,本书提出了小步长增量阻变方法,在模拟型阻变存储器上实现了 10^{11} 次电导更新,比传统二值存储的耐擦写次数典型值高出 5 个数量级,能够满足在线训练需求。进一步通过阶段式采样模拟阻变曲线,建立了循环耐久性与其耦合的非线性和开关比的关系模型，量化了循环耐久性对准确率的影响，证明了循环耐久性的耦合效应是导致在线训练准确率损失的直接原因。

本书提出的循环耐久性表征方法被 Tektronix 公司采纳并开发成标准测试模块。上述研究工作验证了面向神经网络的跨层次可靠性评估方法的有效性，为实现高可靠的神经网络加速芯片奠定了基础。

关键词：神经网络；阻变存储器；可靠性评估；数据保持特性；循环耐久性

Abstract

Neural networks have made significant breakthroughs in many aspects, which brought a new round of revolution in information technology. But the demand of the hardware system with high performance and energy efficiency has been enhanced. Analog resistive random access memory (RRAM) based computing-in-memory system alleviates thememory wall, which is expected to achieve high-performance and low-power computing. However, the reliability degradation issues of analog RRAM are the key factors leading to the accuracy loss in neural networks. However, the early reliability researches are mostly aimed at memory applications, but the study on reliability influence of analog RRAM in neural network is missing. Challenges in RRAM reliability research include: Unlike traditional memory applications with high reliability degradation tolerance, the accuracy in neural network applications is more sensitive to conductance changes caused by reliability degradation, and the influence degree of reliability degradation remains to be clarified; Besides, the conductance update method in neural network online training is different from the cyclic erasing method in memory applications, and the traditional electrical characterization method cannot meet the requirements of reliability research in neural network. To deal with the above limitations, this thesis focuses on the reliability research method of analog RRAM in neural network, and the innovations in this research work are as follows:

1. This thesis established a cross-level reliability analysis and evaluation framework from device to systems considering the application requirement of neural network, and the evaluation method, characterization and physical mechanism analysis methods and the reliability impact quantification method are proposed in this framework, the endurance characterization efficiency has been increased by more than 700 times, which provided a guideline for evaluating the influence of the reliability degradation of analog RRAM on computing accuracy

loss of neural network.

2. Focusing on the retention characteristics of analog RRAM, aiming at the lack of retention degradation models, this thesis established a series of array-level retention degradation models suitable for multi-resistance, multi-temperature and multi-level forms from a statistical point of view. Furthermore, by mapping the retention model into the neural network model, the impact of retention degradation on the accuracy loss can be quantified. Therefore, according to the measured data, the minimum requirements for retention characteristics of analog RRAM of a specific computing application offline training scenario has been determined, and a related optimization method was proposed.

3. Aiming at the problem that the existing endurance characterization methods make it difficult for RRAM devices to mimic the weight update process during online training, this thesis proposed an incremental switching method. According to this method, the analog RRAM achieved 10^{11} conductance updates. And it was 5 orders of magnitude higher than the typical endurance cycle number of conventional binary RRAM. In this case, the devices can meet the endurance requirements of online training. Further, by staged sampling the analog switching curves, this thesis established the relationship model of endurance degradation and its coupling nonlinearity and on/off ratio. With the endurance model, the impact of endurance degradation on the accuracy loss has been quantified, which proved that the coupling effect of endurance was the direct cause of accuracy loss in online training.

The proposed endurance characterization method in this thesis has been adopted by Tektronix and developed into a standard test module, which has been commercialized. The research works on retention and endurance has verified the efficiency and practicability of the neural network-oriented cross-level reliability analysis and evaluation methods. This method can lay the foundation for achieving the neural network accelerators accommodating to the reliability degradation.

Keywords: Neural network; Analog RRAM; Reliability evaluation; Retention; Endurance

目　录

第1章 引 言

1.1 神经网络硬件概述

人工智能(artificial intelligence, AI)自 20 世纪 60 年代兴起以后,经历了跌宕起伏的发展历程,近年来凭借硬件系统的升级和在多个领域的算法突破[1],正在进入发展新纪元。美国国防部预先研究计划局(Defense Advanced Research Projects Agency, DARPA)于 2018 年宣布启动下一代人工智能("AI Next")项目[2],力求构建类似于人类沟通和逻辑推理能力的人工智能工具,该项目将人工智能技术的研究推向高潮。时至今日,人工智能逐渐从计算密集型的数据计算转向智能密集型的科学规律发现,它不再局限于模仿人的感知能力,而是转向发掘人工智能技术优势,用高性能计算与科学计算融合,解决传统科研中关注的重大科学问题(即"AI for Science")。这无疑将突破人们传统思维范式和想象力边界,加速人类探索世界的进程。

深度神经网络(deep neural network, DNN)在实现人工智能中扮演着关键角色,它能够在大量的数据中自主学习输入空间的表达式,具有抽象出多维特征并高速寻找最优解的能力。深度神经网络已经在图像识别[3]、脑机接口[4]、机器人感知[5]、自动驾驶[6]等多个领域取得了突出的成果,甚至在一些特定任务上达到了可以超过人类专家的水平。在集成电路设计领域,Google 的 J. Dean 等[7-8]将深度强化学习算法用于芯片设计中最复杂、最耗时且最依赖工作经验的芯片布局规划任务中,采用端到端的结构,能够在 6h 内自动完成可以媲美或优于专业人士的布局方案,并在功耗、性能和芯片面积上均有优势,实现了利用人工智能技术设计硬件系统的突破,同时性能更强劲的硬件系统为人工智能技术的实现创造条件,促成了软硬件相辅相成的和谐关系,也给电子设计自动化(electronic design automation, EDA)提供了新思路。在气象环境科学领域,S. Ravuri 等[9]利用人工智能算法建立了深度生成模型,解决了临近降雨预报问题,能够提前 5～90min 高准确率地预测 1536km×1280km 区域内的降雨情况,这项工作将临近降雨预报等预警机制向轻量智能化推进。在理论化学领域,密度泛函理论(density functional theory, DFT)是通过电子态密度研究化学分子性质的方法[10],但是DFT有其局限性,尤其在涉及移动的电荷和自旋电子时表现出明显的系统误差[11],并且其所需的庞大计算量往往需要超级计算机支持。DeepMind的J. Kirkpatrick等[12]开发的深度神经网络模型DM21能够通过预测分子内部电子的分布情况推测分子的性质,极大地提高了计算效率,并向更精确的化学预测迈进了一大步。典型的深度神经网络有多层感知机[13](multi-layer perceptron, MLP)、循环神经网络[14](recurrent neural network, RNN)、卷积神经网络[15](convolutional neural network, CNN)等。

准确率(accuracy)是衡量神经网络模型执行特定任务成效的关键性能评价指标,高准确率是计算系统能够用于解决实际问题的必要条件。由于神经网络是任务导向的计算范式,不关心单层神经网络计算结果是否精确而注重整体任务的完成正确率,如图像识别中的识别准确率等,所以准确率天然地不能达到百分之百的极限目标。并且随着计算任务复杂度的增加,神经网络的准确率逐渐难以满足设计者的要求。

国际上的研究者就提升神经网络的准确率做了大量的工作,主要涉及两个层面:算法层面和硬件层面。在算法层面,典型的优化方法包括网络结构的创新设计[16-17]、训练算法的优化[18]、获取或生成更高质量的训练数据集[19]、增加网络规模[20]和训练轮次、迁移学习[21]等。其中,残差神经网络(residual network, RESNET)便是采用网络结构的创新设计实现高准确率的典型代表,通过引入跳层连接结构,解决了增加神经网络的深度带来的梯度爆炸、网络退化问题[17]和梯度破碎问题[22],让深度神经网络在训练并解决复杂问题的同时保持高准确率成为可能。

在硬件层面,神经网络模型被部署到硬件载体上,高准确率的实现受到硬件系统的算力和能效的限制,如何在有限的硬件资源下高性能地实现神经网络加速目标成为研究的重点。一方面,降低模型的计算复杂度是解决方案之一。神经网络模型压缩算法[23]通过网络剪枝和量化等方式能够显著实现硬件系统上的模型加速。其中,量化是将模型中使用的32位或64位浮点数就近转变成占用内存空间较少的低比特数的技术。通过对部署到硬件计算单元上的权重进行量化有利于缓解对计算系统内存带宽和存储空间的压力、提高系统吞吐率和降低延时[24]。但是权重精度的下降是有限度的,过低的权重精度会导致严重的准确率损失[25]。另一方面,提升硬件系统自身的算力和能效是实现高性能神经网络加速芯片的另一途径。提高计算并行度是节省芯片的数据带宽和提高计算速度以实现神经网络加速的目标的主流思想[26]，常见的方式有阵列计算、多核计算和分布式计算等。基于此思想，近年来各国研究者从系统高算力和高能效的需求出发，掀起了神经网络硬件加速芯片的研究热潮。国际上主流的神经网络加速芯片按照应用场景可以分为云端加速芯片和边缘端加速芯片。云端加速芯片在服务器端对深度神经网络的训练和推理进行加速，对能耗具有较高的容忍度，具有极高的算力以支持庞大的计算量。代表性芯片有阿里巴巴发布的中央处理器（central processing unit，CPU）ARM 服务器芯片倚天 710 芯片；英特尔的 Xeon Phi Knights Mill、英伟达的图形处理器（graphics processing unit，GPU）的 Testa 系列；谷歌的张量处理芯片[27]（tensor processing unit，TPU）系列、华为基于达·芬奇架构的昇腾系列和寒武纪的思元 370 芯片。边缘端加速芯片不需要将数据上传到云端设备，而是直接在边缘端设备上计算，主要面向移动终端和物联网，对功耗更为敏感，因此边缘端加速芯片目前只进行推理任务而不支持能耗高的在线训练任务。而随着边缘端人工智能应用市场规模井喷式增长，新架构新技术层出不穷，在计算性能的赛道上各显神通，代表性芯片有中国科学院计算技术研究所的 DaDiannao[28-29]、ShiDiannao[30] 等系列芯片、清华大学的 Thinker 系列芯片[31-32]、麻省理工学院的 Eyersiss 系列芯片[33-34] 等。

当前的神经网络加速芯片的准确率等性能的进一步提升面临着诸多挑战。一方面，受限于存储单元和计算单元物理分离的冯·诺依曼架构，传统的神经网络加速芯片在执行计算任务时，需要频繁地将数据和运算结果在内存和计算单元之间搬运，给芯片带宽造成压力的同时增加了计算的延时，进而限制了系统准确率的提升。乘累加（multiplication accumulation，MAC）运算是神经网络的占比最高的运算方式，也是神经网络硬件芯片加速的主要环节。然而，一次数据搬移所消耗的能耗远比乘累加运算所消耗的能耗高[36-37]，基于这种存算分离的计算范式，能耗仍是重要的问题。这也就是传统神经网络加速芯片中面临的冯·诺依曼瓶颈，也称"存储墙"瓶颈[38]。另一方面，计算系统准确率等性能的提升也依赖于先进制造工艺的发展。但是随着工艺尺寸逼近物理极限，工艺制造难度增大，如图 1.1 所示，在工艺节点缩小至 7nm 以后，单位面积上的晶体管数量增长率逐渐放缓，摩尔定律逐渐失效[39]。凭借集成电路晶体管集成度的提高来提升神经网络加速芯片性能的红利难以为继。同时基于先进工艺的神经网络的硬件载体面临着严重的热耗散问题[40-41]，芯片的时钟频率和计算性能提升逐渐饱和[42]。开发新的计算架构解决现有的计算硬件系统能力的限制是最为紧迫的问题。

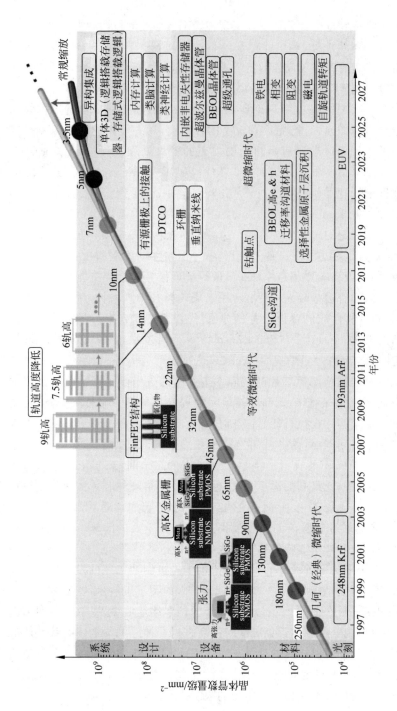

图 1.1　工艺制造特征尺寸微缩发展历程与未来发展趋势[35]

1.2　阻变存储器件与存算一体技术

缓解神经网络硬件系统中的冯·诺依曼瓶颈主要有两种途径：①近存计算[43]（near-memory computing），指在物理上拉进计算单元和存储单元的距离，以实现两者之间的高带宽数据传输；②存算一体[35]（in-memory computing），这个架构受到了大脑计算范式的启发。研究人员发现，与传统的神经网络硬件加速平台相比，大脑有三大优势。一是存算一体，大脑中的数百亿神经元之间的突触单元能够高度并行化地处理信息，并且在处理信息的同时存储信息；二是超低功耗，大脑完成复杂的计算任务和决策仅需要耗费约 20W 的功耗[44]；三是大脑具有容错机制[45]。存算一体技术是保留了传统计算机架构的优势同时吸纳了人脑的工作模式，设计的一种基于非电易失性存储器芯片的计算系统。该技术能够在实现原位存储功能的同时，以模拟量并行地完成乘累加计算操作，避免了大量的数据搬移，减轻了深度神经网络模型对硬件平台带宽的依赖，从而打破了冯·诺依曼瓶颈，成为实现高性能、低功耗的神经网络加速器最有前景的解决方案之一。

国际上对用于存算一体系统的非电易失性存储器开展了广泛的研究，除了传统的静态随机存取存储器[46-48]（static random access memory，SRAM）和基于浮栅的场效应晶体管[49-51]（flash memory，又称为闪存），还有一些新型存储器，如自旋转移力矩磁性存储器[52-54]（spin-transfer torque magnetic random access memory，STT-MRAM）、相变存储器[55]（phase change random access memory，PCM）、铁电存储器[56-57]（ferroelectric random access memory，FeRAM）、铁电场效应晶体管[58-60]（ferroelectric field effect transistor，FeFET）、阻变存储器[61-63]（resistive random access memory，RRAM）等。

表 1.1 展示了阻变存储器和其他存储器的性能对比[35,64]，前者表现出均衡且优良的器件特性。阻变存储器具有器件面积小、与互补性金属氧化物硅（complementary metal oxide silicon，CMOS）工艺兼容的特性，同时具有三维集成的能力、操作电压低、读写速度快、写能耗低、良好的数据保持特性和循环耐久性，另外还具备多阻态和微缩（scaling）的能力，是实现神经网络硬件载体的强有力竞争者。因此，本书将围绕阻变存储器展开研究。

表 1.1　阻变存储器和多种存储器的性能对比（数据来自文献[35]、文献[64]）

存储器类型	SRAM	DRAM	NAND Flash	NOR Flash	PCM	STT-MRAM	RRAM
单元面积	$>100F^2$	$6F^2$	$<4F^2$(3D)	$10F^2$	$4\sim20F^2$	$6\sim30F^2$	$<4F^2$(3D)
单元结构	6T	1T1C	1T	1T	1T1R	1T1R	1T1R
电压	$<1V$	$<1V$	$<10V$	$<10V$	$<3V$	$<2V$	$<3V$
读速度	$\sim1ns$	$\sim10ns$	$\sim10\mu s$	$\sim50ns$	$<10ns$	$<10ns$	$<10ns$
写速度	$\sim1ns$	$\sim10ns$	$100\mu s\sim$ 1ms	$10\mu s\sim$ 1ms	$\sim50ns$	$<10ns$	$<10ns$
写能耗/bit	$\sim fJ$	$\sim10fJ$	$\sim10fJ$	100pJ	$\sim10pJ$	$\sim0.1pJ$	$\sim1pJ$
数据保持时间	N/A	$\sim64ms$	$>10y$	$>10y$	$>10y$	$>10y$	$>10y$
耐擦写次数	$>10^{16}$	$>10^{16}$	$>10^4$	$>10^5$	$>10^9$	$>10^{15}$	$>10^6$
多比特能力	无	无	有	有	有	无	有
非电易失性	否	否	是	是	是	是	是
微缩能力	有	有	有	有	有	有	有

注：F 为特征尺寸。

1.2.1　阻变存储器概述

　　阻变存储器的研究由来已久。早在 1962 年，T. W. Hickmott[65]就在如图 1.2 所示的五种金属—绝缘体—金属（metal-insulator-metal，MIM）的"三明治"结构中发现了阻变现象。随后涌现出大量的阻变材料研究热潮，到目前为止，文献报道了数十种均表现出电阻切换特征的金属氧化物，它们大多数是过渡金属氧化物，还有一些是镧系金属氧化物，如

图 1.2　阻变存储器的典型结构示意图

图 1.3 所示。电极材料除了金属，还有一些导电的氮化物，如 TiN、TaN 等。根据阻变机制划分，阻变存储器可以分为两种：界面型阻变存储器（interface-type RRAM）和导电细丝型阻变存储器（filamentary RRAM）。界面型阻变存储器的阻变机制是在阻变功能层与电极的界面处完成的，通过改变阻变功能层界面上的肖特基势垒的高度来调整器件的电阻值。虽然界面型阻变存储器具有良好的电阻连续调制能力[66]，但是该器件普遍具有阻变速度慢、导通电流大和数据保持能力差的特点[67-68]，因此不适合作为神经网络硬件载体。导电细丝型阻变存储器根据构成导电细丝的离子类型可以分为两种，一种是导电桥型阻变存储器（conductive-bridge RAM，CBRAM），另一种是氧化物型阻变存储器（oxide-based RRAM）。前者的导电通道是由快速扩散的银离子和铜离子等阳离子在电场的作用下迁移到氧化物中发生

氧化还原反应生成的金属原子构成的[69]。后者的导电通道则是由氧空位组成的。因为微观物理阻变机理不同,两者也表现出不同的特点。导电桥型阻变存储器的导通电流大、功耗高[70-71],不满足神经网络加速器低功耗的需求。与这两种阻变存储器相比,基于氧空位的导电细丝型阻变存储器具有操作速度快、导通电流低等优势,因此本书研究的阻变存储器专指基于氧空位的阻变存储器。

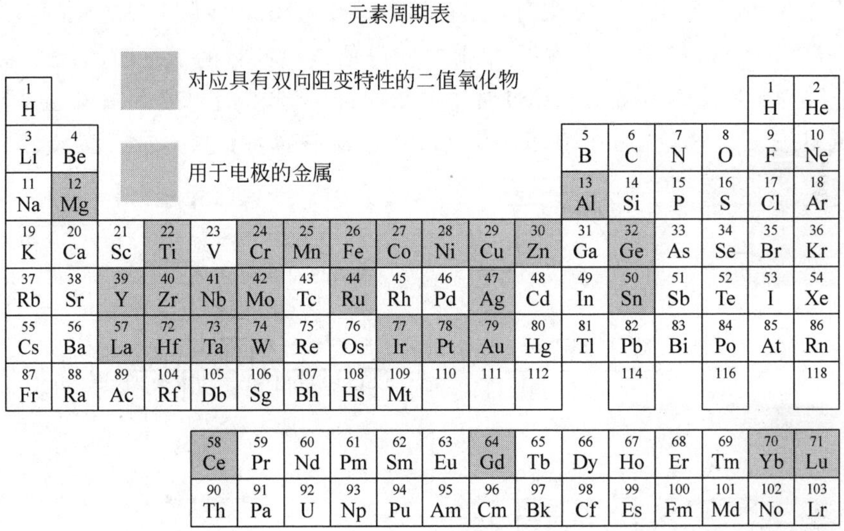

元素周期表

对应具有双向阻变特性的二值氧化物

用于电极的金属

1 H																1 H	2 He
3 Li	4 Be											5 B	6 C	7 N	8 O	9 F	10 Ne
11 Na	12 Mg											13 Al	14 Si	15 P	16 S	17 Cl	18 Ar
19 K	20 Ca	21 Sc	22 Ti	23 V	24 Cr	25 Mn	26 Fe	27 Co	28 Ni	29 Cu	30 Zn	31 Ga	32 Ge	33 As	34 Se	35 Br	36 Kr
37 Rb	38 Sr	39 Y	40 Zr	41 Nb	42 Mo	43 Tc	44 Ru	45 Rh	46 Pd	47 Ag	48 Cd	49 In	50 Sn	51 Sb	52 Te	53 I	54 Xe
55 Cs	56 Ba	57 La	72 Hf	73 Ta	74 W	75 Re	76 Os	77 Ir	78 Pt	79 Au	80 Hg	81 Tl	82 Pb	83 Bi	84 Po	85 At	86 Rn
87 Fr	88 Ra	89 Ac	104 Rf	105 Db	106 Sg	107 Bh	108 Hs	109 Mt	110	111	112		114		116		118

58 Ce	59 Pr	60 Nd	61 Pm	62 Sm	63 Eu	64 Gd	65 Tb	66 Dy	67 Ho	68 Er	69 Tm	70 Yb	71 Lu
90 Th	91 Pa	92 U	93 Np	94 Pu	95 Am	96 Cm	97 Bk	98 Cf	99 Es	100 Fm	101 Md	102 No	103 Lr

图 1.3　文献中阻变存储器的电极与阻变功能层的材料总结[72]（见文前彩图）

在操作电压或电流的激励下,阻变存储器中的阻变功能层的电阻能够发生高速可逆地转变,且掉电后器件阻态稳定保持,因此在一些文献中阻变存储器又被称为忆阻器(memristor)。从微观机理的角度看,器件存储的信息是由阻变功能层中氧空位形成的导电细丝(conductive filament,CF)的连通或断裂决定的。在使用之前,阻变功能层中没有可以自由移动的导电离子,器件呈现为高阻态(high resistance state,HRS)。要想实现器件的阻变特性,需要在上电极施加较大的正电压,在短时间内搭建起连通上下电极的导电细丝,形成软击穿的导电通路,这样的操作记为 Forming 操作,此时器件从初始态转变为低阻态(low resistance state,LRS)。一般情况下,一个器件在使用期间只需要 Forming 一次即可。接着在下电极施加正电压,氧离子在电场的作用下迁移与导电细丝中的氧空位复合,导致导电通路断裂,这样的操作记为 RESET 操作,此时器件由低阻态转变为高阻态。SET

操作和 Forming 操作类似,只是施加的电压强度更小,但是足以产生氧空位,重新建立导电通路,使器件电阻由高阻态切换成低阻态。

1.2.2　模拟型阻变存储器概述

根据 SET 和 RESET 阶段阻变存储器的直流扫描曲线和脉冲扫描曲线的特点,阻变存储器可以分为三类:二值型阻变存储器[73]、单向模拟型阻变存储器[74]和双向模拟型阻变存储器[75]。图 1.4 展示了以上三种阻变存储器的直流扫描曲线(左图)和脉冲扫描曲线(右图)的示意图,右图中的方波为脉冲波形示意图。经过对比可知,二值型阻变存储器只有高阻态和低阻态,在存储应用中表示为 0 和 1。在直流扫描曲线中,二值型器件的

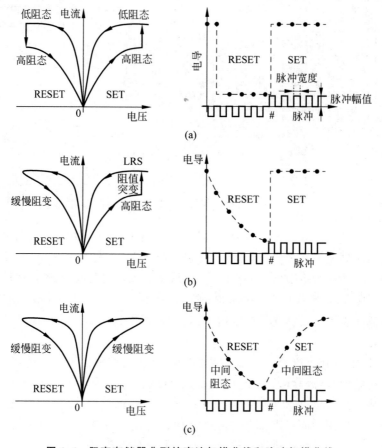

图 1.4　阻变存储器典型的直流扫描曲线和脉冲扫描曲线

(a) 二值型阻变存储器;(b) 单向模拟型阻变存储器;(c) 双向模拟型阻变存储器

SET 和 RESET 阶段电阻之间的转变都是在瞬间完成的,在脉冲序列的激励下也表现为突变的特征。

单向模拟型阻变存储器仅有一个方向的电阻变化形态是连续缓变的,如图 1.4(b)所示。在 RESET 脉冲序列的激励下,器件电导值从高导态缓慢下降到低导态的过程中会出现多个中间阻态(middle resistance state,MRS),但是在施加 SET 脉冲序列后,器件电导值仍会突变为最高导态。需要说明的是,器件的电阻和电导互为倒数,高阻态即为低导态。在双向模拟型阻变存储器中,器件在 SET 和 RESET 两个方向上都表现为连续电阻调制特性,电导值随着脉冲个数的增加而逐渐增加或减小,这个过程被称为增强(potentiation)过程或抑制(depression)过程。此时器件在脉冲扫描曲线下表现出了双向模拟阻变能力,该曲线又被称为模拟阻变曲线。同时,该器件在两个方向中均呈现出多个中间阻态,且器件的中间阻态数受控于脉冲序列的脉冲宽度(pulse width)和脉冲幅值(pulse amplitude)。在一定阻态范围内,较窄脉冲宽度和较低脉冲幅值能够获得足够多的器件中间状态,实现了任意电压方向的连续调制能力。

为此,双向模拟型阻变存储器适合作为实现神经网络的硬件载体,其双向连续调制能力能够最大限度地模拟大脑中的突触在执行计算任务时所具备的性能。神经网络模型的创立受到大脑神经网络的启发。在大脑中,突触是连接两个神经元用于信号传递的基本结构,传递信号的强度由突触权重表示。突触权重是一个模拟量,受激励信号的频率和时序等因素连续调制(被称为突触的可塑性)[76-77],且信号强弱的调制方式也具有增强和抑制两个方向。这种双向连续的突触调控机制是大脑神经网络处理复杂的学习任务的基础。因此,具有相似的电阻调制能力的双向模拟型阻变存储器是实现类似人脑的高性能和低功耗的存算一体系统的理想器件。

另外,双向模拟型阻变存储器的双向连续阻变能力能够显著提升芯片的存储密度和权重精度,有利于满足存算一体系统对高准确率的性能需求。在神经网络训练中,根据权重更新算法,如随机梯度下降法[78](stochastic gradient descent,SGD),损失函数在多次迭代后会逼近一个极小值,此时损失函数对权重的梯度也会随之变小,网络得以逐渐收敛到最佳状态。但是,如果表示权重值的器件没有充足的中间状态,即权重精度不足,那么一个脉冲激励下器件的电导变化量便会增加,损失函数对权重的梯度值受到实际器件单次电导变化量的限制便不能足够小,即损失函数只能在极小值附近反复波动而不能逐渐靠近,这会导致神经网络模型在在线训练时无法收敛,进而导致神经网络准确率降低。而较高的权重精度能够支持在神经网络在线训练(in-situ training)中的权重的细粒度更新和快速收敛的需求,有利于实现高性能的神经网络加速芯片。并且,由于权重更新时权重可能增加也可能减小,因此,器件的电导值的连续调制也必须是双向的。基于这些优势,本书面向神经网络的器件可靠性的研究对象是双向模拟型阻变存储器,为了方便描述,本书中该器件都简称为模拟型阻变存储器。

1.2.3　基于阻变存储器的存算一体原理

基于传统冯·诺依曼架构的神经网络计算加速器的设计思想是提高并行乘加运算效率,进而加速神经网络中矩阵向量乘法运算[79]。但是存储单元和计算单元的物理分离会导致不必要的数据搬移,给系统带宽造成巨大压力,进而限制了系统性能的提升。基于阻变存储器阵列的存算一体技术,能够突破冯·诺依曼架构的限制,减少访存压力和能耗开销,同时提高面积效率和计算效率,有利于实现高性能计算。

图 1.5 展示了神经网络的结构和模拟型阻变存储器阵列实现存算一体架构的方法。在这里,神经网络模型的权重矩阵映射到模拟型阻变存储器阵列上,器件电导值表示权重值 G_{nm}。输入向量 $\boldsymbol{V}_n$ 是以脉冲的宽度、脉冲的个数或脉冲幅值的形式输入到网络的对应行的字线 WL 上,阵列输出到位

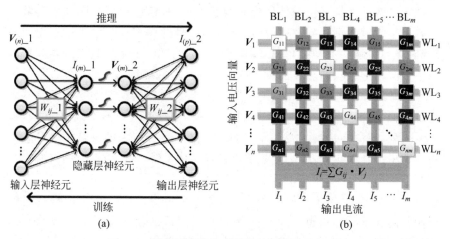

图 1.5　模拟型阻变存储器和神经网络的关系

(a) 神经网络的示意图;(b) 在模拟型阻变存储器阵列中完成矩阵向量乘操作

注:颜色深浅表示阵列中器件的权重模拟量

线 BL 的电流则是输入向量和权重矩阵乘积加和的结果。由此,利用基本的欧姆定律和基尔霍夫定律,在模拟型阻变存储器阵列上即可完成传统架构中多个晶体管组合才能完成的矩阵向量乘法运算,并且高度并行化的乘加运算避免了在存储器和处理器之间的数据搬移,因而大大减少了计算能耗和缓解了带宽压力,摆脱了传统架构所遇到的问题。另外,以 $n \times n$ 的矩阵与 n 维向量做乘法运算为例,基于传统架构的计算系统执行该运算的计算复杂度为 $O(n^2)$,而在模拟型阻变存储器阵列中的计算复杂度则为 $O(1)$,因而大大降低了时间开销和能耗开销。由此,一个模拟型阻变存储器可以等效为一个乘法器、一个加法器和一个存储单元的组合。当然,存算一体系统中还包含模数转换模块(analog to digital conversion,ADC)、数模转换模块(digital to analog conversion,DAC)和功能电路模块等。

神经网络包括两个阶段:推理(inference)和训练(training)。推理是前向传播的过程,多个神经元的输入值与对应的权重加权求和后传递给下一层神经元,该神经元经过非线性的激活函数后产生输出值,同时作为下一层的输入向后传递[80]。训练则是由前向传播和反向传播两个阶段构成。反向传播是在前向传播算法的基础上,将输出层结果与正确的结果比较后的误差,依次计算损失函数对每个权重参数的导数,并在特定的学习率下更新相应的权重。根据随机梯度下降等权重更新算法,不断更新损失函数的值和各层权重[81],直到损失函数下降到阈值之下并达到最佳,认为神经网络完成了训练。根据完成训练的载体不同,神经网络训练可以分为离线训练(ex-situ training)和在线训练(in-situ training)。离线训练中训练过程是在软件上完成的,接着将训练好的权重矩阵映射到硬件芯片上,在硬件系统中仅进行推理操作,因此离线训练也被称为片外训练。在线训练则是在硬件系统上训练和推理,在一些文献中也被称为原位训练或片上训练,这个过程对器件的可靠性要求更高。

如果权重存在非正值,常用的方式是用两个阻变存储器的电导差值表示一个权重[82-85],如图 1.6 所示。采用这种方式增加了一个权重单元的模拟状态数,同时降低了累积在源线(source line,SL)上的电流总和,缓解了电流—电阻导致的传输线上的电压降(IR drop)的压力,更重要的是将在阻变存储器阵列上实现完整的神经网络推理和训练的全过程变成现实。Q. Liu 等[82]设计的 3 比特的差分式阻变存储器(2-transistor-2-RRAM,2T2R)阵列上承载了一个完整的双层感知机网络模型,该芯片在 MNIST 手写数字识别数据库上能够达到 94.4% 的高准确率。

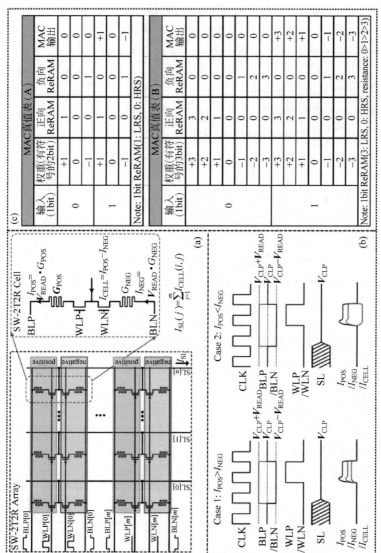

图 1.6 基于差分式阻变存储器阵列的神经网络计算示意图[82]

(a) 差分式 2T2R 单元与阵列结构；(b) 正器件电流大于与小于负器件电流时差分单元的时序图；

(c) 1bit 和 2bit 的单器件分组组合成差分单元的真值表

基于阻变存储器的存算一体系统的研究工作在电子突触器件优化和系统性能等方面都取得了很多突破性进展,能够以高准确率完成手写数字识别、人脸识别和强化学习等任务[41,87-88]。在基于先进工艺的阻变存储器阵列的存算一体芯片方面,M. Chang 等[89]报道了一款 22nm 工艺的、基于 2Mb 阻变存储器阵列的存算一体芯片。考虑到器件本征的波动性和有限的中间状态数等非理想因素,文章提出了一种原位消除高阻态电流(in situ HRS-current cancellation,HRS-C)的方法,能够扩大相近的乘累加结果之间的裕度,来提高推理准确率。在 RESET-20 网络模型用于 CIFAR-100 分类检测时,与不使用这个方法相比,其分类准确率增加了 36.1%。该团队还对其工作做了进一步改良,研究了一款基于 4Mb 阻变存储器阵列的、具有 8 比特权重精度点乘运算能力的存算一体芯片[90],并开发了一种非对称调制的输入和校验机制,来提高输入与器件电导点乘后的信号裕度。此方法在保证推理准确率不下降的同时提升了系统能效。

卷积神经网络的全硬件实现具有训练复杂度高的特点,同时在卷积计算和全连接计算之间容易出现速度失配问题,进而导致卷积神经网络的计算效率低下且准确率大幅度损失。P. Yao 等[86]采用混合训练和多阵列并行计算的方法,将 5 层卷积神经网络模型完整地部署到基于模拟型阻变存储器阵列的硬件平台上,以高能效和面积效率完成了识别 MNIST 手写数字图片的计算任务,如图 1.7 所示。混合训练指的是对卷积层的权重采用

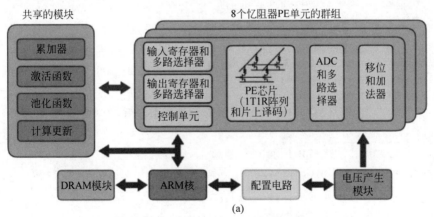

图 1.7 卷积神经网络的硬件实现

(a) 基于模拟型阻变存储器的卷积神经网络硬件系统架构示意图;

(b) 混合训练流程图;(c) 混合训练实验演示图[86]

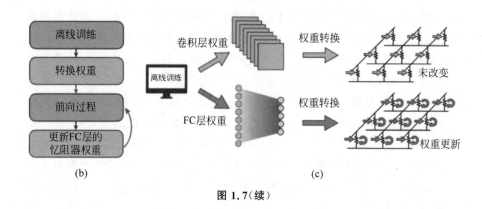

图 1.7（续）

离线训练方式，权重映射到阻变存储器阵列后不再改变，以缓解器件的波动性等非理想因素。对最后一层全连接层（fully connected layer，FC layer）进行在线训练可以使该硬件平台同时支持推理和训练。通过这种混合训练和并行计算的创新方法，在该硬件平台上执行的卷积神经网络模型能够得到与软件相当的准确率，准确率损失低至 3.8%。

1.3　面向神经网络的阻变存储器可靠性研究现状及挑战

近年来，神经网络加速芯片高速发展，在算法和架构、平台框架、应用领域等方面取得了突出的成果，市场规模超过百亿美元。然而全球市场上活跃的云端和边缘端神经网络加速芯片被基于传统冯·诺依曼架构的芯片所垄断，受限于存算分离的计算架构，高能耗和带宽瓶颈不利于系统性能的进一步提升。兼备片上推理和训练功能的基于模拟型阻变存储器的存算一体计算系统，能够打破存储墙瓶颈，因而受到学术界的广泛关注。然而，如果该技术要想被市场接纳，并且突破英伟达等国外老牌企业在神经网络加速器领域的垄断，实现技术层面的弯道超车，便要在性能、安全性和成本等方面达到甚至超过现有的神经网络加速芯片的水平。

然而，硬件单元的可靠性问题是阻碍这一目标实现的关键因素。在性能方面，可靠性退化导致器件特性与理想的计算单元特性之间的差距逐渐拉大。随着使用时间和使用频次的增加，基于实际器件的存算一体系统在离线训练和在线训练的过程中的准确率逐渐偏离软件上仿真的准确率，同时拖慢了训练效率，蚕食着存算一体的架构创新带来的性能优势。在安全性方面,未来边缘端芯片更加注重用户的个体需求和隐私保护,器件的可靠性问题引起的准确率超出预料的下降增加了使用期间系统功能发生错误的概率,给芯片的安全性造成威胁。另外,在应用于自动驾驶等影响人身安全的领域,车规芯片对可靠性的要求更高,除了需要通过 AEC-Q 认证[91],还需要对芯片在环境温度等条件下产生可靠性退化进行严格的把控,避免因芯片准确率退化导致决策失误进而影响驾驶安全性问题。在成本方面,器件的可靠性问题关乎神经网络加速芯片的使用寿命,进而增加了使用成本。

因此,研究和评估器件可靠性退化对神经网络准确率的影响对于实现同时兼具推理和训练能力的高性能且高可靠性的神经网络加速芯片具有重要意义,也是未来实现技术成果落地和产业化的必要环节。为此,本书的研究重点放在面向神经网络的模拟型阻变存储器的可靠性评估方法上,为实现高可靠性且高性能神经网络加速芯片奠定基础。

1.3.1　可靠性研究现状

近年来,国内外涌现出众多团队,对阻变存储器的可靠性开展了深入的研究,包括北京大学黄如院士团队、康晋锋教授团队、中国科学院微电子研究所和复旦大学刘明院士团队、清华大学钱鹤和吴华强教授团队、华中科技大学缪向水教授团队、山东大学陈杰智教授团队、中国台湾交通大学 Tuo-Hung Hou 教授团队、比利时微电子研究中心 IMEC 团队、意大利米兰理工大学 Daniele Ielmini 教授团队、美国斯坦福大学 H. S. Philip Wong 教授团队、美国佐治亚理工学院 Shimeng Yu 教授团队、韩国浦项科技大学 Hyunsung Hwang 教授团队和一些半导体行业龙头企业的研究团队,如 IBM、惠普、英特尔、松下等。这些团队成果卓越,推动了阻变存储器可靠性领域的发展。

1. 从器件材料结构角度优化器件可靠性

大量材料科学家和器件工艺科学家为了实现接近理想的器件特性而努力。Y. Chen 等[92]和 X. Huang 等[93]均发现,在铪基阻变存储器工艺制造流程的图形化或 HfO_2 的原子层淀积之后增加一步退火操作,可以限制氧的扩散,大大提升器件的数据保持能力。另外,掺杂也是改善器件可靠性的常用方式。J. Radhakrishnan 等[94]通过第一性原理仿真发现铜原子的动力学扩散势垒高于氧空位,通过在氧空位型阻变存储器中注入铜原子能够改善器件低阻态的数据保持特性。M. Lee 等[95]报道了一种具有 $Pt/Ta_2O_{5-x}/TaO_{2-x}/Pt$ 双层结构的非对称反向串联的二值型阻变存储器,通过改良结构器件表现出 10^{12} 次极高的耐擦写次数。

为了满足神经网络对器件的特性需求，众多研究者致力于改善器件的双向电阻调制能力。D. Panda 等[96]提出在 TiOx/HfO$_2$ 堆叠的基础上插入一层超薄的 Al$_2$O$_3$ 层改善器件非线性，同时保持开关比不下降。如图 1.8 所示，在 Al$_2$O$_3$ 层厚度为 1nm 时，配合精心调节的脉冲波形，增强和抑制过程的非线性度分别降低为 2.15 和 1.52，相较于插入厚度为 0nm 和 2nm 的 Al$_2$O$_3$ 层的器件展现出明显的优势。S. Chandrasekaran 等[97]提出通过控制阻变层的掺杂区域提升器件的非线性和开关比。在 Al：HfO$_2$ 层中不均匀 Al 的掺杂形成富氧和缺氧区，有助于约束导电细丝的生长，使得增强和抑制过程导电细丝在富氧区的同一位置逐渐连通和断裂。另外，S. Kim 等[98]和 J. Woo 等[99]认为，调控导电细丝的直径可以改善器件的线性度。此时导电细丝不发生断裂，仅发生氧空位的横向扩散，由此电场场强不发生明显的变化，不会导致电导突变。

2. 可靠性表征方法的研究

除了上述可靠性优化方法，研究者也致力于研究器件的电学表征方法，以优化或评估器件的可靠性。文献报道中典型的阻变存储器电学表征方案分为三种：①增量步长脉冲编程方法（incremental step pulse programming，ISPP）是一种在达到目标电阻范围之前不断增加 SET 或 RESET 脉冲或晶体管栅压的幅值的方法[100]；②带有校验机制的固定脉冲编程（fixed pulse program-verify，FPPV）方法，即将固定幅值的 SET 或 RESET 多个脉冲施加到被测器件上，直到器件的电阻值满足目标电阻范围[101]；③限制电流调控低阻态的编程方法，即通过控制栅电压控制器件的限制电流（compliance current）[102]，从而调节器件电阻值。比特错误率（bit error rate，BER）是指存储器超出目标阻值范围的器件比例，是衡量存储应用中编程准确率或器件失效率的指标。在这些典型表征方法的基础上，为了实现更高效的编程效率和更高的准确率，B. Le 等[103]结合 ISPP 和 FPPV 方法，提出了一种根据阻变范围自适应调节脉冲幅值的方法，能够以较少的编程脉冲个数迅速达到目标电阻范围，并且将比特错误率控制在 1% 以内。E. Pérez 等[104]则是在 ISPP 和设置限制电流的基础上增加了校验机制，此方法能够增强器件低阻态的稳定性，经过推算器件的电阻值能够在 85℃ 下保持十年不发生错误，并且使用方法也实现了 1000 次稳定擦写循环。

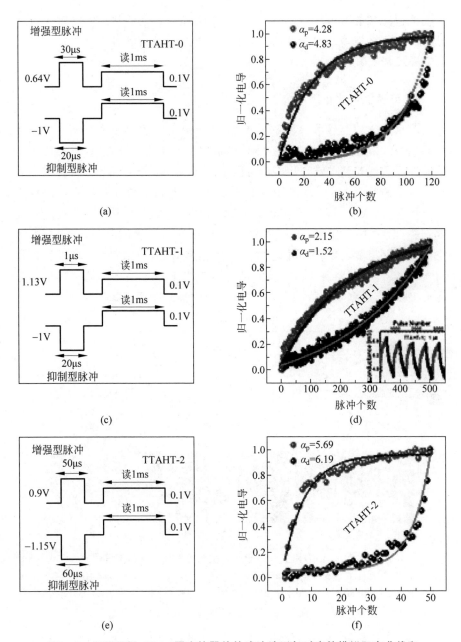

图 1.8 三组不同 Al₂O₃ 厚度的器件的脉冲波形与对应的模拟阻变曲线和

非线性拟合曲线[96]（见文前彩图）

注：图(a)、(c)、(e)为脉冲波形，图(b)、(d)、(f)为拟合曲线；Al₂O₃ 厚度自上至下分别为 0nm、1nm、2nm。

值得注意的是,以上这些电学表征方法和可靠性的评估方法都是为存储应用的可靠性需求而设计的。然而,面向神经网络的可靠性表征方法的研究还比较欠缺。

3. 可靠性退化机理研究

北京大学康晋锋教授团队早在 2011 年就对二值型阻变存储器的循环耐久性失效机理做过深入研究。B. Chen 等[105]认为储氧层对于维持良好的循环耐久性起到关键作用,基于此认知,图 1.9 总结了循环耐久性失效有三种类型的原因:①在高温和高电场激励下,金属层被部分氧化形成界面电子势垒层,限制了电子和离子的传输,导致高电阻变低和低电阻变高的失效态势;②电场场强和局部热场的升高导致产生过量的氧空位,冗余的氧空位让本就粗壮的单根强导电细丝直径迅速增加,使 RESET 难以发挥作用,最终器件在低阻态失效;③大量的 SET/RESET 循环消耗了过量的氧离子,使氧离子和氧空位的复合率降低,导致高阻态逐渐降低。

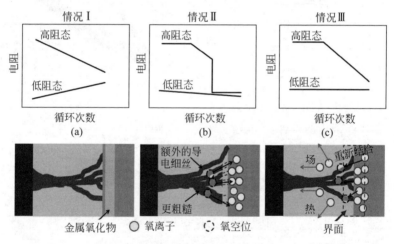

图 1.9　二值型阻变存储器循环耐久性失效的三种机理[105]
(a) 情况 1:高阻态和低阻态均逐渐向中间阻态靠拢,器件最终在中间阻态失效;
(b) 情况 2:低阻态电阻值缓慢小幅降低,高阻态电阻值瞬态下降,器件最终在低阻态失效;
(c) 情况 3:高阻态电阻值逐渐下降,器件最终在低阻态失效

基于可靠性退化机理分析,研究者开展了基于物理机理的模型研究。W. Wang 等[106]报道了一种基于银离子的动态阻变的电易失型阻变存储器的数据保持特性的物理模型。电阻随时间的变化可以通过在原子浓度梯度

的驱动下离子沿导电细丝表面扩散来模拟,限制电流和器件尺寸决定了器件电阻值。P. Chen 等[107]认为导电细丝间隙长度的变化是数据保持特性与波动性产生的原因,构建了与温度、导电细丝间隙长度相关的数据保持特性模型。Y. Chen 等[108]借助量子点模型和沙漏模型,构建了循环耐久性失效模型,解释了循环耐久性失效来源于氧空位迁移率随循环次数退化。

值得注意的是,上述可靠性退化机理分析和物理模型均是定性分析,难以反映实际器件的可靠性退化规律。

4. 可靠性对神经网络的影响

和存储应用中的器件可靠性因素不同,神经网络推理和训练对器件提出了独特的可靠性需求。P. Chen 等[109]利用神经网络仿真器研究了模拟状态数、器件开关比和非线性对神经网络准确率的影响,如图 1.10 所示。神经网络仿真器是一个双层感知机神经网络,用于完成 MNIST 手写数字图片的识别任务。从仿真结果看,理想的模拟状态数需要大于或等于 6bit即 64 个阻态,器件的开关比需要大于或等于 50,且非线性度接近 0,以维持在线训练准确率不下降。然而实际器件性能和理想的器件需求仍存在较大的差距,这给材料和器件工艺研究者指出了优化的方向。更重要的是,这项研究证明了这些可靠性因素对于神经网络准确率的重要性。在算法和架构研究创新发展且取得优异成绩的同时,硬件系统的可靠性将是制约系统性能的关键,如果器件可靠性不能达到较高的水平,它将成为"木桶的短板",使得算法和架构的设计优势无处施展。

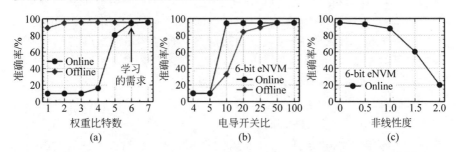

图 1.10 模拟状态数、器件开关比、非线性度对神经网络准确率的影响[109]
(a) 模拟状态数;(b) 器件开关比;(c) 非线性度

需要说明的是,这些神经网络中特有可靠性指标的下降是人为设定的,是仿真的结果。目前,在实际器件中,导致这些可靠性因素退化的原因仍缺乏研究,实际器件中这些可靠性因素以何种规律退化还需要深入探究。除此之外,存储单元中固有的、随着器件磨损后天产生的可靠性退化问题对神经网络的影响还不清晰,尤其是针对具有多个阻态的模拟型阻变存储器的可靠性退化研究国际上仍缺乏足够的重视。

1.3.2　面临的关键问题与挑战

目前,面向神经网络的模拟型阻变存储器的可靠性研究还处于起步阶段。一方面,关注神经网络系统性能的研究者研究了器件的非线性等神经网络中特有的器件可靠性问题对存算一体系统准确率提升的影响,而对导致该系统准确率损失的基本可靠性的退化问题缺乏关注。另一方面,这些基本可靠性研究的对象多是面向存储应用的二值型阻变存储器,而对于面向神经网络的模拟型阻变存储器固有的基本可靠性退化的研究较为缺乏,其研究难点在于不同应用对可靠性的需求不同,需要建立应用需求导向的可靠性研究方法。在存储应用中,在不同阻态之间可区分且互不交叠的前提下,器件电导值允许在一定范围内波动,换言之,存储应用对器件可靠性退化的容忍度较高。因此,评估可靠性合格与否的方法是判断器件的比特错误率是否满足应用要求;而在计算应用中,模拟型阻变存储器的电导值变化和连续电阻调制能力退化会直接导致系统的准确率损失增加,计算应用对器件可靠性退化更加敏感,因此对器件可靠性的要求也更为严格。同时,由于不同的网络架构、硬件系统设计和任务场景都会对神经网络准确率产生截然不同的影响,因此器件的可靠性研究需要兼顾计算系统的特征与需求,构建器件与系统协同分析的可靠性评估架构。然而,考虑到计算系统的多样性,其难以建立统一且通用的可靠性评估标准。即便如此,针对典型的网络架构和计算任务,搭建自下而上的面向神经网络的实际器件可靠性分析与评估方法,研究硬件系统中器件的可靠性退化规律对计算系统准确率的影响,不失为一种有效途径与示范方法。

目前,面向神经网络的模拟型阻变存储器的可靠性研究在可靠性分析和评估方法、表征方法、建模和机理分析等关键研究层面仍存在欠缺,尤其是在一些随器件磨损和时间增加而恶化的可靠性问题对神经网络的影响上尚无分析与评估方案。基于模拟型阻变存储器的神经网络加速芯片要想打败传统的神经网络加速芯片并在未来市场上占有一席之地,除了在架构和算法上创新提升系统性能,还需要着重关注器件可靠性退化带来的系统准确率损失的问题,设计出兼顾可靠性退化的高性能和高安全性的存算一体芯片。为了实现这一目标,现阶段需要解决的主要问题和挑战如下:

（1）缺乏器件与系统协同分析的可靠性评估方法。神经网络的准确率直接受到器件电导漂移和连续电阻调制特性退化的影响，且伴随着可靠性退化准确率损失值扩大。国际上现有的可靠性分析方法仅针对存储应用，关注器件比特错误率等可靠性参数，这和计算应用关注的可靠性评估参数存在较大差异，难以与计算系统的性能指标建立联系，进而难以评估可靠性退化的影响。另外，不同的神经网络、计算任务对器件可靠性因素和退化容忍度不同，器件的可靠性评估不能脱离实际系统的可靠性需求。

（2）缺少面向神经网络的模拟型阻变存储器的可靠性表征方法。由于神经网络关注器件电导的绝对变化量而非存储应用中较大的目标范围之外的比特错误率，而现有的可靠性表征方法是为存储应用中降低比特错误率而设计的，难以用于刻画模拟型阻变存储器在神经网络离线训练和在线训练时电导的变化行为、更新方式以及不同的动态范围与电导变化量的关系。另外，当前的商用测试系统的测试模块多是为二值存储应用设计的，在调控方式和测试效率上不能满足神经网络应用中模拟型器件与阵列的可靠性表征需求。

（3）缺乏面向神经网络的模拟型阻变存储器的可靠性建模和机理分析方法。可靠性建模是评估和量化可靠性退化对神经网络的影响的必要环节，而现有的面向存储的可靠性模型参数与神经网络准确率下降相关的可靠性参数完全不同。另外，由于存储应用宽松的可靠性标准，其建模精度也难以满足计算应用的建模需求，因此现有的可靠性模型和建模方法不适用于面向神经网络的可靠性研究。在可靠性机理分析方面，现有的可靠性退化的物理机理研究局限于定性分析可靠性退化趋势，没有对具体的电导变化量等参数进行物理角度的建模，难以解释可靠性退化规律。

1.4　本书内容安排

针对上述可靠性研究的问题与挑战，本书构建了面向神经网络的模拟型阻变存储器的多层次可靠性分析与评估方法。数据保持特性和循环耐久性既是存储应用中的重要可靠性问题，又是神经网络硬件系统中影响系统性能的关键可靠性挑战。本书中的可靠性分析与评估方法的有效性和实用性将在以上两种可靠性因素的研究成果上得以验证。研究通过分析神经网络应用与存储应用不同的可靠性需求，建立了面向神经网络的数据保持特性和循环耐久性评估框架。通过提出的面向神经网络需求的可靠性表征方法，建立了模拟型阻变存储器的可靠性数值模型和基于物理机理的解析模型,根据模型量化了可靠性退化对神经网络准确率的影响,完成了面向典型神经网络和计算任务的器件可靠性需求认定和影响评估。

本书包括五章,各章节内容安排如下:

第1章:介绍了深度神经网络的发展现状,从算法和架构的角度介绍了制约传统神经网络硬件加速系统的准确率提升的关键因素和面临的挑战。为此,本章引入并介绍了基于模拟型阻变存储器的存算一体系统的工作原理、优势和可靠性问题。然后分析了面向神经网络的阻变存储器的可靠性研究现状,总结了该研究领域面临的关键问题和挑战。

第2章:从对比传统存储应用和神经网络应用中器件的可靠性差异出发,建立了面向神经网络的模拟型阻变存储器的多层次可靠性分析与评估研究框架,明确了面向神经网络的模拟型器件的可靠性需求,设计并提出了针对应用需求的可靠性评估参数与表征方法,为应用导向的可靠性建模指明了方向。提出了辅助可靠性物理机理分析的仿真方法,用于解释可靠性退化规律并验证模型的正确性,最后提出了器件可靠性退化对神经网络影响的量化方法,为从器件到系统的多方位可靠性评估提供了方法指导。

第3章:基于构建的可靠性分析与评估框架,研究了面向神经网络的模拟型阻变存储器数据保持特性。首先,构建了阵列级的多阻态、多温度场和考虑了寄生效应和误差累积的差分阵列中列电流和的数据保持特性模型。其次,从基于多条弱导电细丝的模拟型阻变存储器的物理机理出发,分析了数据保持特性退化规律背后的物理机理并构建了解析模型。最后,根据阵列级的数据保持特性模型量化了数据保持特性退化对神经网络离线训练准确率的影响,确定了典型网络和应用场景下的数据保持特性需求,并提出离线训练中数据保持特性退化的优化方法。

第4章:基于构建的可靠性分析与评估框架,研究了面向神经网络的模拟型阻变存储器循环耐久性。首先,建立了模拟型阻变存储器动态范围与耐擦写次数的关系。其次,通过提出的小步长增量阻变方法,在器件中模拟了在线训练时的权重更新过程。提出了阶段式采样模拟阻变曲线的方法,建立了循环耐久性与其耦合的器件非线性度和开关比的关系模型。通过分析循环耐久性退化机理,建立了小步长增量阻变次数下的模拟阻变曲线的解析模型。最后,通过建立的循环耐久性模型量化了循环耐久性对神经网络在线训练准确率的影响,并提出了优化方法。

第5章:总结与展望。总结概括全书工作,提炼主要的创新点,并明确下一步工作的目标。

第2章　面向神经网络的模拟型阻变存储器可靠性评估方法

　　硬件系统中器件的可靠性退化是阻碍神经网络准确率提升甚至导致准确率损失的关键问题,准确地评估器件可靠性对系统准确率的影响对于设计兼顾器件可靠性退化的神经网络加速芯片具有十分重要的意义。神经网络对于模拟型阻变存储器来说是全新的应用场景。离线训练和在线训练的工作模式对器件的可靠性需求与传统的存储应用存在巨大差异,可靠性的评估标准随之改变,因此,需要根据实际应用需求设计新的可靠性评估方法。另外,在高集成度和复杂度的神经网络计算系统中,器件的可靠性问题随着系统规模增加而被放大,和传统的存储应用相比,计算应用对可靠性退化更为敏感。针对以上问题,本章提出了从器件到系统的跨层次可靠性分析与评估框架。此框架从神经网络在模拟型阻变存储器阵列上实现所需要考虑的可靠性问题出发,设计并提出了面向计算的器件可靠性评估参数,分析了可靠性需求,可靠性表征方法、可靠性建模、辅助分析可靠性退化物理机理的模拟仿真方法以及研究可靠性退化对系统性能影响的量化方法。多层次的可靠性评估方法旨在为研究面向神经网络应用的模拟型器件基本可靠性影响提供切实有效的方法指导。

2.1　可靠性评估框架

　　为了设计高性能的基于模拟型阻变存储器的神经网络加速芯片,有必要搭建考虑了器件可靠性退化问题的神经网络仿真器。但是现有的相关文献只关注了仿真器件的功能可靠性,如用于电导更新的非线性[110]和器件的波动性等,而对于使用过程中逐渐退化的基本可靠性问题,如数据保持特性和循环耐久性,仅采用脱离真实退化规律的人为设计的参数来描述和仿真[111]。这显然与实际芯片的可靠性退化情况不符,仿真器的结果也缺乏说服力,且不能对神经网络计算系统的设计提出实质有效的优化建议。可见,对研究基于模拟型阻变存储器的神经网络加速芯片的基本可靠性是极具难度的,但也是极有必要的。

　　本节立足于真实模拟型阻变存储器芯片中出现的基本可靠性退化问题,提出了多层次可靠性分析与评估方法的整体框架,如图 2.1 所示。这一框架体现了器件和系统协同分析思想,包括 6 个层次:

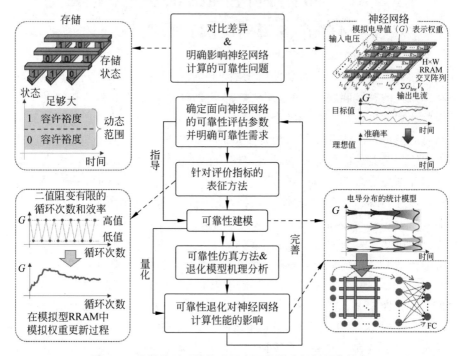

图 2.1　从器件到系统的跨层次可靠性分析与评估框架

　　(1) 从应用特点出发,对比神经网络应用与传统存储应用中可靠性特性差异,明确影响神经网络准确率的可靠性问题。

　　(2) 对于神经网络中具有新含义的基本可靠性问题,确定服务于计算应用的可靠性评估参数并明确可靠性需求。正如准确率是衡量神经网络模型执行特定任务的成效的关键参数一样,这里确定可靠性评估参数的目的是确定衡量可靠性退化的关键参数,以便合理评估神经网络应用所需的可靠性能力,明确可靠性的最低需求。

　　(3) 根据确定的可靠性评估参数,设计面向神经网络的基本可靠性表征方法。

　　(4) 通过实验表征,获得真实的可靠性退化数据,建立模拟型阻变存储器的可靠性模型。

（5）对于数值模型总结的可靠性退化规律，试图利用可靠性模拟方法从物理机理角度进行解释和验证。

（6）建立可靠性退化对神经网络影响的量化方法。将可靠性模型带入到神经网络模型中，计算不同程度的可靠性退化对准确率的影响，并提出适宜的优化或应用指导方法。

本章各节将分别介绍上述模块的设计细节，建立在实验基础上的可靠性建模模块将在第三章和第四章详细描述。这一框架从神经网络系统需求出发，经过对器件可靠性的一系列研究，最后回到计算系统的研究闭环，为面向神经网络的模拟型阻变存储器的可靠性评估提供了切实有效的方案，同时为面向神经网络的模拟型阻变器件的可靠性研究提供了方法指导。

2.2　可靠性评估参数与需求

神经网络准确率是神经网络加速系统的关键性能指标，影响神经网络准确率的关键因素来源于两个层面：一是算法与架构，二是器件可靠性，如图 2.2 所示。根据第 1 章的分析可知，为了将神经网络模型部署到物理硬件系统上，需要将高比特浮点数的权重等信息转换成低比特信息以便于模型映射，但是这种量化技术会不可避免地导致准确率低于软件上计算的理

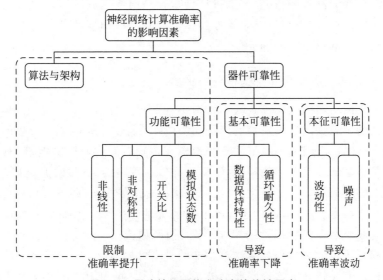

图 2.2　影响神经网络准确率的关键因素

想值。另外,对于同一种尤其是复杂的计算任务,不同的神经网络架构配合不同的权重更新算法等网络算法会表现出截然不同的准确率。除此之外,硬件系统的寄生效应引起的电压降以及串扰等也会限制准确率的提升。

在器件层面,面向神经网络的器件可靠性问题分为三种:一是器件本征的可靠性问题,包括波动性和随机电报噪声等噪声。这些问题主要来源于工艺制造中的非理想情况和器件中电荷随机地且不可控地捕获与释放。本征可靠性导致器件电导随机波动,进而难免引发计算系统准确率的波动,但是一般情况下不构成准确率过量损失,因此不是本书的研究重点。二是神经网络应用中特有的功能可靠性问题,包括器件的非线性(non-linearity,NL)、非对称性(asymmetry,AS)、开关比(on/off ratio)和模拟状态数(precision,也称中间状态数)。功能可靠性自神经网络的硬件载体出现之时就被广泛研究,在神经网络在线训练时,器件的功能可靠性问题直接导致权重更新效率和准确率低于软件预想的效果[83],阻碍了准确率的提升。三是在所有应用场景下都存在的基本可靠性问题,包括数据保持特性和循环耐久性问题。与功能可靠性不同,基本可靠性问题是一种伴随着使用时间增加和磨损程度增长逐渐恶化的可靠性问题,容易导致神经网络加速系统的准确率下降,甚至影响系统的使用寿命,是对计算系统性能影响最为持久且恶劣的可靠性问题。但是,面向神经网络的模拟型阻变存储器的基本可靠性问题尚无细致的研究,基本可靠性对神经网络准确率影响的评估仍较为缺乏。因此,本书将研究重点放在模拟型阻变存储器的基本可靠性问题对神经网络准确率影响的评估方法上。

1. 功能可靠性需求分析与评估参数

神经网络离线训练和在线训练对不同的可靠性有不同的需求,其中器件的功能可靠性主要影响神经网络在线训练阶段的系统性能。理想的用于神经网络硬件系统的模拟型阻变存储器应该具有双向电阻调制能力,能够实现足够多的连续可调的模拟状态,电导值在等幅的 SET 或 RESET 小脉冲下能够均匀地增加或减少,且电导增减的变化量相同,即器件具有良好的线性和对称性。同时,器件还应具有足够大的开关比。然而实际器件的可靠性问题繁杂,与理想器件的要求相距甚远,如图 2.3 所示。实际器件在增强和抑制阶段的模拟阻变曲线都是非线性和非对称的,且在高速脉冲下难以实现足够大的开关比。除此之外,不同器件之间和不同循环次数之间存在不同程度的波动性。这些器件的功能可靠性问题使得神经网络加速芯片的准确率和训练效率与软件上基于理想器件特性的神经网络准确率和训练效率严重不符[83]，制约了存算一体系统性能的提升。

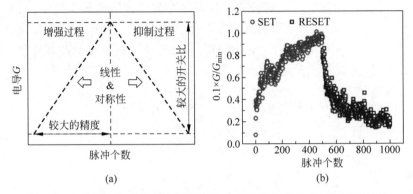

图 2.3　面向神经网络的理想器件与实际器件特性的对比（见文前彩图）

（a）理想器件；（b）实际器件[112]

非线性（NL）是衡量模拟型阻变存储器的电导值随脉冲个数增加而增加（SET 过程）或减少（RESET 过程）的变化量是否一致的可靠性因素，也用来描述模拟阻变曲线的弯曲程度，如图 2.4 所示。在神经网络应用中，理想器件拥有非线性度为 0 的模拟阻变曲线，一个脉冲激励下的电导变化量与初始电导态无关。可以通过控制脉冲的输出个数来准确地得到下一步更新后的器件电导，可控的电导更新能够帮助神经网络训练快速收敛并获得最优的计算性能。然而在实际的器件中，一个脉冲引起的电导变

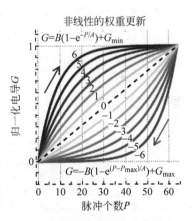

图 2.4　器件的模拟阻变曲线中
非线性度的示意图[114]

化量和电导态相关联，即模拟阻变曲线的斜率处处不相等，难以通过编程脉冲实现预期的电导更新需求，实际更新后的电导可能超过或低于目标值，这往往需要增加网络迭代的次数。更为严重的是，在 SET 阶段的最低电导态和 RESET 阶段的最高电导态附近，一个脉冲引起的电导变化量会高于其他电导态的变化量，这就导致这附近的一些电导态难以通过某个方向的脉冲实现，极大地增加了网络训练的复杂度，也给网络收敛造成了困难。为了

量化非线性的程度,这里借鉴 L. Gao 等[113]提出的非线性定义,如式(2-1)～式(2-3)所示。其中,G_{SET} 和 G_{RESET} 表示 SET 过程和 RESET 过程的电导值,G_{min}、G_{max} 和 P_{max} 是直接从模拟阻变曲线中提取的最小电导、最大电导和在最小和最大电导切换所需要的最大脉冲数,P 表示当前的脉冲个数,B 是拟合参数,值得注意的是 SET 和 RESET 过程中的非线性度 NL 可能不同,这里为了方便描述用一个参数表示。

$$G_{SET} = G_{min} + B\left[1 - \exp\left(-\frac{P}{NL}\right)\right] \tag{2-1}$$

$$G_{RESET} = G_{max} - B\left[1 - \exp\left(-\frac{P - P_{max}}{NL}\right)\right] \tag{2-2}$$

$$B = \frac{G_{max} - G_{min}}{1 - \exp\left(-\dfrac{P_{max}}{NL}\right)} \tag{2-3}$$

非对称性和非线性类似,不同的地方在于前者关注 SET 和 RESET 过程的模拟阻变曲线是否对称,即在相同的阻态下,一个脉冲引起的器件电导值增加或减少的变化量是否相等。这里非对称的程度(AS)用 SET 和 RESET 过程模拟阻变曲线的非线性度的差值的绝对值表示,即 $AS = ||NL_{SET}| - |NL_{RESET}||$。文献中也存在用两个方向的非线性度的比值表示[115],但是考虑到一个方向上的非线性度可能接近零,造成比值过大的情况,因此这里仍选用差值来表示。非对称性对神经网络训练的影响和非线性相似,其电导变化量不仅与电导态相关,还和 SET 与 RESET 相关,给在线训练中权重更新效率造成负担。

模拟状态数指的是器件电导可连续调制的电导态的数目。在神经网络离线训练时,器件模拟状态数和可量化的权重精度直接相关,模拟状态数越高,神经网络的准确率越高。在神经网络在线训练时,模拟状态数关系到权重更新的电导变化量。当器件的模拟状态数较少时,一次权重更新的变化量就会相应地增大。而在反向传播过程中执行随机梯度下降权重更新算法时,假设学习率不变,只有当损失函数对权重的梯度足够小时,损失函数接近和达到极小值,网络才能收敛。而如果权重单次更新量较大,那么损失函数的梯度便不能足够小,此时损失函数可能在极小值附近反复震荡,直接影响训练收敛的速度和准确率,甚至可能会导致网络不收敛。

开关比指的是模拟阻变曲线中最大电导值与最小电导值的比值。开关比对神经网络准确率的影响体现在电导变化量和模拟状态数上。当开关比较小时,一个脉冲引起的电导变化量就会减小,要想使器件达到目标电导值就需要施加多个脉冲或进行多轮迭代,此时网络收敛的速度就会变慢。此外,考虑到器件自身的波动性,当电导单次变化量和器件随机波动导致的电导变化量相近时,网络训练的难度会更高。

　　因为功能可靠性是在神经网络应用场景下衍生的可靠性问题,所以一般采用衡量神经网络执行任务成效的准确率作为功能可靠性的评价指标。表 2.1 总结了具有代表性的器件功能可靠性评估工作中对可靠性最低需求的界定以及与真实器件的功能可靠性表现的对比。不管是以准确率损失 5% 为评估基准还是以具体的准确率为评估基准,计算系统都对器件的功能可靠性提出了严格的要求,这为器件优化指明了方向。值得一提的是,当前器件的功能可靠性是否满足设定的神经网络准确率的要求严重依赖于神经网络模型和所执行的计算任务的复杂度,不同的计算任务或神经网络模型对器件可靠性的鲁棒性不同。这里选用典型的神经网络模型和计算任务介绍器件可靠性的评估方法。表中的推理和训练准确率都是基于双层感知机网络模型来识别 MNIST 手写数字图片任务得到的结果。

表 2.1　功能可靠性因素的最低需求与真实器件的对比

参考文献	非线性	非对称性	开关比	模拟状态数
	仿真的器件特性			
Y. Xi 等[116]	评估基准:准确率损失<5%			
	$|NL|<1$	$AS<1$	>10	>64
P. Chen 等[109]	评估基准:推理准确率>94.5%,训练准确率>90.0%			
	$|NL|<1$	—	>50	>64
	真实的器件特性			
S. Jo 等[117]	推理准确率约为 73%,训练准确率约为 63%			
	$|NL_{\text{SET}}|=2.40$	$AS=2.48$	12.5	97
	$|NL_{\text{RESET}}|=4.88$			
J. Woo 等[99]	推理准确率约为 41%,训练准确率约为 10%			
	$|NL_{\text{SET}}|=1.94$	$AS=1.33$	4.43	40
	$|NL_{\text{RESET}}|=0.61$			

　　需要反省的是,表 2.1 中对一种功能可靠性的最低需求的界定都是建立在其他可靠性是理想的前提之下的。而真实的器件中,可靠性问题是相互耦合相互影响的,某两种耦合的功能可靠性给准确率的影响可能会大于它们分别造成的准确率损失之和。更重要的是,器件的特性不可能长久保

持不变,随着器件使用时间和频次增加,器件的功能可靠性只会越来越差。以上这些情况都难以通过人为设定的可靠性参数来模仿,换言之,脱离实际器件的功能可靠性退化进行仿真,其仿真结果缺乏说服力,也难以对实际芯片的设计和应用提供建议。另外,模拟型阻变存储器的功能可靠性退化的原因和退化规律仍缺乏研究。因此,面向神经网络的可靠性分析需要建立在实际的器件特性之上,并进行真实的建模分析。

2. 基本可靠性需求分析与评估参数

在神经网络应用中,数据保持特性和循环耐久性具有不同于存储应用的表现形式与可靠性需求,如图 2.5 所示。就数据保持特性而言,在存储应用中,数据保持特性指的是器件的阻值保持在某个阻态范围内的能力,强调不超出边界范围。因此,存储应用要求器件具有可区分互不交叠的电阻状态,器件电阻值允许的波动范围由存储应用的比特数决定,即在这个范围内的电阻波动都是存储应用可以容忍的,如图 2.5(a) 所示。超出范围的器件记为数据保持特性失效的器件,失效的比例用比特错误率表示。以 N 比特存储为例,假设将 10 倍开关比的器件阻值量化到 $0.1 \sim 1$ 的区间,每两个阻态之间存在一个阻态间隔,N 比特的电阻态的阻态间隔的数量为 $2^N - 1$。

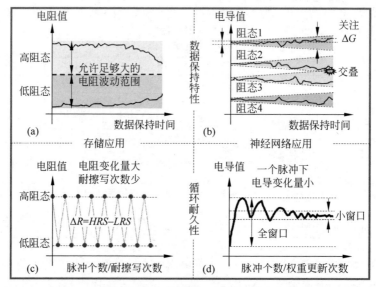

图 2.5　神经网络应用与存储应用中的数据保持特性和循环耐久性行为对比

(a) 存储应用中数据保持特性行为特征;(b) 神经网络应用中数据保持特性行为特征;
(c) 存储应用中循环耐久性行为特征;(d) 神经网络应用中循环耐久性行为特征

假设各个阻态分布均匀,每两个阻态之间的阻值差为 $\Delta = \dfrac{1-0.1}{2^N-1}$,中间阻态允许的波动范围等于两阻值之差。二值型存储器的数据保持特性的最低需求遵从行业标准,即存储的信息在 85℃下十年内不发生错误。由于模拟型阻变存储器由于具有多个阻态,其数据保持特性的要求可以放宽,具体的数据保持时间最低需求需要根据实际的应用场景确定。

在基于模拟型阻变存储器的存算一体系统中,神经网络离线训练对数据保持特性提出了更高的要求:每个器件的电导值不能过多偏离初始值,且在每两次推理之间甚至较长一段时间内,多个阻态的电导值应保持不变,如图 2.5(b)所示。更重要的是,器件电导随时间的漂移能够呈现一定的规律,便于预测器件电导的数据保持特性退化行为。由于单个器件的电导呈现无规律的波动,因此必须依靠阵列级的实验数据总结退化规律。由此,本书提出了面向神经网络应用的器件数据保持特性的评估方法:从属于一个阻态的多个器件的电导值在每个数据保持时间下都将组成一个电导分布,该分布满足的分布特征(如正态分布等)和分布的参数(如正态分布的均值和标准差)将作为评估参数。接下来建立评估参数与数据保持时间和模拟阻态的关系模型,基于此模型能够预测神经网络中权重随时间的变化,进而得到数据保持特性退化与神经网络推理准确率的关系。选定一个准确率作为评估基准,可以倒推基于模拟型阻变存储器的存算一体系统所容忍的数据保持时间。至此,可以确定特定神经网络和计算任务对器件数据保持特性的最低需求。

循环耐久性在存储应用中指的是器件可持续循环擦写的能力,出现在存储器的编程过程。为了不发生编程错误,存储应用要求器件在循环擦写时保持大且稳定的阻变窗口和足够多的耐擦写次数,如图 2.5(c)所示。存储应用中器件循环擦写是在强脉冲激励下实现的,每次编程的电阻变化量由阻变窗口大小决定。面向存储应用的循环耐久性评估参数主要是耐擦写次数。现有的循环耐久性研究主要集中在二值型阻变存储器上,二值型阻变存储器的循环耐久性典型值是 10^6 次[118-119],高于商用闪存的耐擦写次数[120]。

对面向神经网络的模拟型阻变存储器来说,循环耐久性问题出现在两个场景下。一个是权重映射。将权重映射到阻变存储器阵列上需要根据目标值对器件电导进行调整,在这个过程中器件会经历较大幅度的循环擦写,这和存储应用中的编程过程相似。另外,在离线训练场景下,由于数据保持特性退化,需要对整个阵列进行重新映射,刷新各器件阻态。基于这个原因,器件的耐擦写次数会影响离线训练时的可映射次数,进而直接影响整个系统的寿命[121-122]。在 SET 后的低电阻态和 RESET 后的高电阻态之间的电阻态范围被称为动态范围,模拟型阻变存储器具有多个动态范围。动态范围的高低电阻态也被称为上下边界。高低电阻态的比值则指的是这个动态范围的开关比。模拟型阻变存储器的耐擦写次数是依赖器件的动态范围的,这一部分将在第 4 章详细解释。因此,在神经网络离线训练阶段,循环耐久性的关键评估参数包括耐擦写次数和动态范围。判断器件的循环耐久性是否满足离线训练的需求,可以通过系统准确率允许的最大数据保持时间(即最大刷新间隔)来计算。假设系统容忍的准确率损失不超过 5%,则 5% 对应的最大数据保持时间为 85℃下的 X 小时,系统为了维持准确率在合格线之上需要每 X 小时刷新一次。假设每次刷新每个器件消耗某个动态范围的 Y 次循环,则系统 85℃下工作十年需要器件提供的耐擦写次数为 $\frac{Y}{X} \times 8.76 \times 10^4$ 次。

　　出现循环耐久性问题另一个应用场景则是神经网络在线训练。在这个过程中,模拟型阻变存储器的电导值表示神经网络的权重值在算法的指导下完成权重更新操作。和存储应用中的强脉冲激励不同,神经网络训练时的电导变化是由弱脉冲激励下得到的,这一变化量远小于存储应用中的电导变化量,如图 2.5(d)所示。为了模拟训练时的电导变化,本书提出了小步长增量阻变的表征方法(在 2.3 节将详细介绍),并定义了描述在线训练过程的循环耐久性能力的参数——小步长增量阻变次数,以此作为评估参数之一。准确率依然是评估循环耐久性退化对神经网络影响的依据。通过设定准确率损失的最大值,可以确定在线训练队模拟型阻变存储器的循环耐久性的最低需求,即确定合理的小步长增量阻变次数。在线训练阶段,小步长增量阻变次数增加带来的器件循环耐久性退化如果能导致准确率下降,其原因离不开与在线训练强相关的功能可靠性因素的变化。因此,此阶段的评估参数还包括循环耐久性退化的耦合参数。

　　由于庞大的训练数据集和复杂的学习任务,一次完整的在线训练过程可以消耗大量的权重更新次数。为了衡量器件的循环耐久性是否满足神经网络在线训练的要求,这里引入两个参数作为面向神经网络在线训练的循环耐久性评估参数:一次训练所需要的累积电导变化量(accumulated conductance change in one-training,TAG)和器件的循环耐久能力可以提供的电导变化量累积和（accumulated conductance change during endurance，EAG），如图 2.6 所示。EAG 中的一次电导变化量和在线训练中的电导变化量相近，都是在弱脉冲激励下得到的。当 EAG 大于 N 倍的 TAG 时，表示器件的循环耐久性能够支持 N 次神经网络在线训练的要求，以此确定在线训练对循环耐久性的最低需求。值得注意的是，TAG 完全依赖于神经网络模型的规模和计算任务的复杂度，网络规模大和计算任务复杂的在线训练往往需要耗费较大的 TAG。

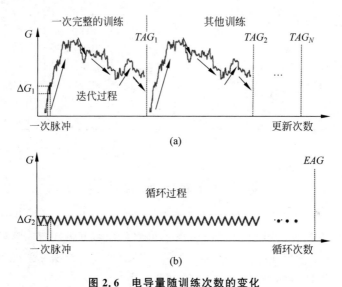

图 2.6　电导量随训练次数的变化

（a）一次训练所需要的累积电导变化量示意图；（b）器件的循环耐久
能力可以提供的电导变化量

根据上述分析，可将基本可靠性在存储和神经网络应用中的评估参数和确定可靠性最低需求的方法汇总为表 2.2。具体的可靠性需求需要根据不同的神经网络模型和计算任务来确定。但是，神经网络模型和计算任务的组合数量庞大且情况极其复杂，建立满足所有网络结构和计算任务下的通用且统一的可靠性需求体系显然是艰难的，也超出了本书的研究范围。为了不失一般性，本书将采用经典的神经网络模型和计算任务，通过实测数据建立的可靠性模型，能够确定一组特定应用场景下的可靠性最低需求，来演示上述评估方法的可行性和实用性。这部分将在第 3 章和第 4 章详细描述。

表 2.2　基本可靠性在存储和神经网络应用中的评估参数
与确定最低可靠性需求的方法

应用场景		评估方法	数据保持特性	循环耐久性
存储		评估参数	数据保持时间	耐擦写次数
		可靠性需求	≥10 年(在 85℃条件下)	≥10^6 次
神经网络	离线训练	评估参数	电导分布特征与分布参数、准确率	耐擦写次数、动态范围
		确定最低需求的方法	以合格的准确率确定最大数据保持时间	以合格的准确率确定十年内需要的耐擦写次数
	在线训练	评估参数	—	准确率、小步长增量阻变次数、循环耐久性耦合参数、TAG 和 EAG
		确定最低需求的方法	—	以合格的准确率确定合理的小步长增量阻变次数;且 $EAG > N \cdot TAG (N \geqslant 1)$

2.3　可靠性表征方法

为了实现从器件到系统的可靠性评估方法,在对可靠性退化规律建模之前,需要根据评估参数,建立面向神经网络的模拟型阻变存储器的可靠性特性需求的电学表征方法。本节主要介绍模拟型阻变存储器器件单元与阵列、用于可靠性特性表征的测试系统和测试方法。

2.3.1　模拟型阻变器件单元与阵列

阻变存储器普遍采用"上电极—阻变功能层—下电极"的三明治结构,具有结构简单、可微缩性好等优点。阻变存储器的性能和阻变功能层和电极材料的选取密不可分。国际上对金属氧化物的阻变材料进行了广泛深入的研究,常见的阻变功能层材料有 HfO_x、WO_y、TaO_z 等。本书出于以下原因选用 HfO_x 做阻变功能层的材料:①与 WO_y 等材料相比,HfO_x 在室温和常压下呈现稳定的单斜晶相结构[123],且相图简单,使器件具有更稳定的阻变性能;②不同的阻变功能层材料往往需要匹配不同的电极材料,比如 TaO_z 的电极材料一般选择 Pt 或 Ir,但这两种电极难以与 CMOS 制造工艺兼容,而 HfO_x 的电极材料可以是与 CMOS 工艺兼容的 TiN,这为实现大规模集成创造了条件。此外,为了避免阻变存储器发生击穿以及阵列中发生串扰等问题,本书选用晶体管作为选通管,也就是将阻变存储器与晶体管的漏端串联,形成 1T1R 结构(one-transistor-one-RRAM),通过调控晶体管栅极的电压的大小,可以控制阻变存储器的导通电流,能够显著降低器件击穿导致的失效率。另外,当栅极电压小于晶体管的阈值电压时,器件可以实现完全关闭,大大减小了阵列中的漏电流和串扰效应。

　　传统的阻变存储器是二值型器件,这是因为器件内部存在单条强导电细丝,如图 2.7(a)所示。在 SET 过程中,初始态为高阻态的导电细丝是断裂的,SET 电压在断裂的导电细丝的间隙处形成极强的电场,在强电场的作用下氧空位高速移动进入间隙,进而迅速缩短间隙,由此形成一个正反馈机制。宏观上来看,在直流扫描曲线中器件从高阻态向低阻态切换时几乎是瞬间完成。在 RESET 过程中,单条强导电细丝在断裂的瞬间在间隙处同样会产生极强的电场,这导致 RESET 初期器件表现出较大的电流下降,即 I-V 非线性。

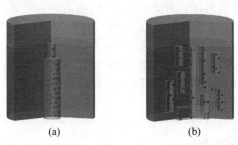

(a)　　　　　　　　　　　　(b)

图 2.7　二值型和模拟型阻变存储器中导电细丝的微观形貌[112]

(a)二值型阻变存储器;(b)模拟型阻变存储器

　　为了实现具有连续可调制阻态的模拟型阻变存储器,可以在 HfO_x 层上面插入一层电热调制层(electrothermal modulation layer,ETML),如图 2.8 所示。在 SET 过程中,由于电热调制层具有较低的热导率,能够减缓阻变功能层中的散热速度,提升阻变区域的温度。由式(2-4)[124]可知,较高的温度 T 有助于减缓强电场场强 E 下的氧空位生成概率 P,从而降低 SET 时导电细丝连通的速度,进而使 SET 过程的器件电阻值缓慢变化。其中,氧空位形成能 E_f、场强加速因子 γ 和电荷量 q 均为常数。与此同时,阻变区域中均匀的温度有助于形成多条弱的导电细丝,如图 2.7(b)所示,进而能够实现连续阻变调制。另外,电热调制层的高电阻率有利于缓解 RESET 过程的非线性调制,这是因为高电阻率的电热调制层在 RESET 初期(低电阻态)通过分压降低了施加在阻变功能层上的电压,从而降低了阻变区域的电场场强,使得器件电阻得以满足向高电阻切换,器件非线性度由此改善。图 2.9 和图 2.10 分别展示了插入电热调制层后不同器件之间和不同循环次数之间的脉冲扫描曲线,可见,器件表现出良好的一致性和双向连续电阻调制的能力。

$$P \sim \exp\left(\frac{\gamma qE - E_{\mathrm{f}}}{kT}\right) \qquad (2\text{-}4)$$

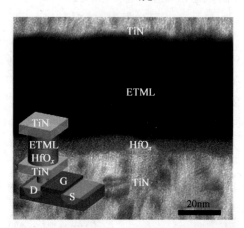

图 2.8   阻变存储器结构示意图和截面显微照片

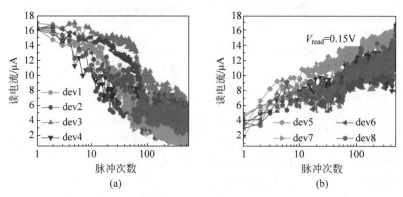

图 2.9   脉冲激励下不同器件的脉冲扫描曲线(见文前彩图)

(a) RESET 过程;(b) SET 过程

器件特性得以优化后,进一步开发制备 130nm 工艺节点下的基于 TiN/ETML/HfO$_x$/TiN 堆叠的 1T1R 阵列。图 2.11 展示的是包含 128×8 的 1Kb 1T1R 阵列和外围电路的芯片照片。在 1T1R 阵列中,128 行中各行

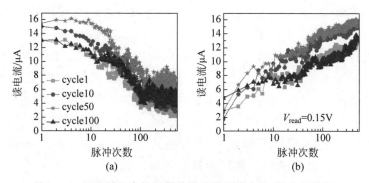

图 2.10　不同循环次数后器件的脉冲扫描曲线（见文前彩图）

（a）RESET 过程；（b）SET 过程

晶体管的栅极连接在一起形成字线（word line，WL），晶体管的源极被连接在一起形成源线（source line，SL），8 列中每列中的阻变存储器上电极被连接在一起形成位线（bit line，BL）。

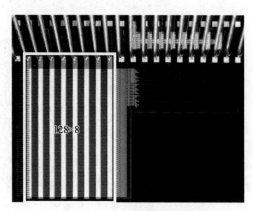

图 2.11　阻变存储器阵列照片

2.3.2　测试系统

为了实现模拟型阻变存储器的可靠性电学表征，本节搭建了单器件和阵列的测试系统。

单器件的电学测试系统如图 2.12 所示。包括 Cascade Summit 12000 探针台和四个探针、探针台上的显微镜、System Att 高低温控制系统、Agilent B1500A 半导体参数分析仪、KEITHLEY 81160A 脉冲发生器、Agilent B2201A 开关矩阵和 KEITHLEY 4200-SCS 半导体参数分析仪。

探针台上的四个探针连接到 1T1R 器件的栅、源、漏、衬底四个端口,给被测器件传递电信号。高低温控制系统与探针台的基座相连,用于给被测器件做数据保持特性测试,温控范围在−50～300℃。Agilent B1500A 半导体参数分析仪内置源测试单元(source measurement unit,SMU)可以测试阻变存储器的直流扫描 I-V 曲线,另外,搭配脉冲发生器和开关矩阵可以是器件的脉冲特性。KEITHLEY 4200-SCS 半导体参数分析仪比 B1500A 功能更加强大,同时配置了 SMU 和脉冲测试单元(pulse measurement unit,PMU),能够完成直流特性和脉冲特性测试。此外,4200-SCS 同时给四个探针分别配置了远程前置放大器/开关模块(4225-RPM),可用于快速循环耐久性测试,能够在极短的脉冲序列中实现稳定的 SET/RESET 信号切换。同时 4200-SCS 支持用户使用内嵌软件包自定义测试程序,本书中循环耐久性测试就是借助 4200-SCS 设计编程实现的。

图 2.12　单器件电学测试系统

为了在 1Kb 阵列上表征模拟型阻变存储器的数据保持特性,本书搭建了一套定制的测试系统,如图 2.13 所示。系统包括承载阻变存储器阵列的 Cascade 探针台,匹配 1Kb 阵列 20 路信号的定制探针卡,产生测试脉冲信号的存储器测试机,配置多套测试程序的上位机和温度控制器。上位机用于控制存储器测试机根据程序产生脉冲序列,通过探针卡施加到未封装的裸芯片上。温度控制器通过控制探针台中的芯片基台加热达到给芯片升温的目的,测试的温度范围是−10～300℃,能够满足数据保持特性测试对高温的需求。另外,探针台还连通了氮气管道,用于给芯片快速降温。

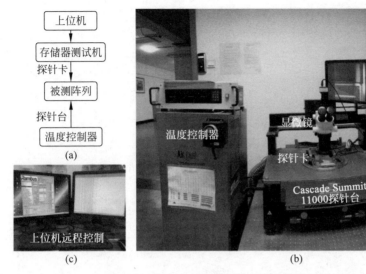

图 2.13　阻变存储器阵列数据保持特性测试系统

2.3.3　测试方法

1. 数据保持特性表征方法

根据上文提出的数据保持特性的评估参数和最低需求的确定方法可知,数据保持特性退化规律难以通过单器件表征获得,需要依托阻变存储器阵列获得器件电阻(或电导)的分布特征和分布参数,建立电阻(或电导)分布与数据保持时间的关系模型。基于此认识,本节设计了面向神经网络的模拟型阻变存储器的阵列级数据保持特性的测试方法。

为了从统计的角度研究模拟型阻变存储器的数据保持特性,本书依托图 2.13 中的测试系统在 1Kb 阵列上开展测试。对于传统存储器来说,工业标准中要求存储器数据在 85℃ 下保持十年不出错才能认定其具备良好的数据保持能力。但是一般实验条件不可能跟踪十年,所以需要高温加速器件老化,即在高温加热的情况下测试存储器中存储的数据能够保持的最长时间。数据保持测试是由编程写和多次读组成的,具体分为三个步骤,如图 2.14 所示:①根据阻变存储器的动态范围设定 8 个目标阻态(I_0,I_1,$\cdots$,I_7)。②以阻态 I_i 为例,对阵列中超过 100 个器件采用双向阻态调制方法(bi-directional resistance-state modulation scheme)写入目标阻态 I_i 允许的误差范围中。双向阻态调制方法包括两个部分,分别为预映射和

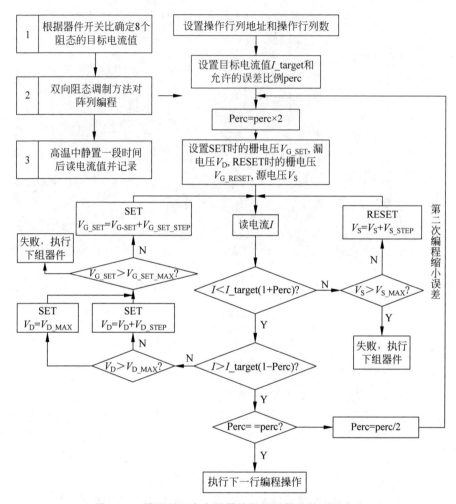

图 2.14　模拟型阻变存储器的数据保持特性测试方法

全映射。两者的区别在于设定的误差比例不同。具体的操作流程如下：首先，在编程之前根据确定的编程目标阻态，设定目标阻态两侧的边界，边界由误差比例决定，得到一组编程目标范围 $[I_i(1-\text{perc}), I_i(1+\text{perc})]$；其次，采用双边校验的方法调整电阻值。当读电流高于 $I_i(1+\text{perc})$ 时，对器件施加 SET 脉冲。通常一个脉冲难以使器件电阻值满足目标阻态，这种情况下就需要逐渐增加脉冲电压。为了提高测试效率，这里采用漏电压优先与栅电压增加的校验算法，由于栅电压的改变量较小，器件的限流条件相近，有利于提高器件编程的一致性。当读电流低于 $I_i(1-\text{perc})$ 时，对器件施加 RESET 脉冲。由于 RESET 时,器件全打开,栅电压不起限流作用,这时只需要调整源电压即可。最后,误差比例调整为预映射阶段误差比例的一半,重复上述编程方法进行二次编程。③数据保持特性测试:当器件阻值足够集中时将阵列放入烘烤箱中烘烤,然后在特定的采样时间处读电流,随后进行统计分析。

基于预映射的双向阻态调制方法是专门为数据保持特性统计测试设计的方法,是此次数据保持特性分析与建模成功的关键。该方法采用收缩误差范围的方式进行两次编程写入,能够以较低的时间成本缓解器件编程后的阻值波动。最重要的是,该方法能够将大量器件稳定地写入同一个阻态,使多阻态的电流值在初始状态易于区分,同时给后续建立阵列级的数据保持特性模型,分析评估参数的变化规律提供便利。

2. 循环耐久特性表征方法

根据上一节循环耐久性的特性分析可知,器件的循环耐久性退化可能来自于离线训练时的多次权重映射和在线训练的权重更新两个阶段,需要根据各自的评估参数和可靠性需求设计不同的表征方法。

在模拟型阻变存储器上进行权重映射时,器件在强脉冲下被编程到动态范围的多个阻态,此时的电阻变化量可以和存储应用中的电阻变化量相比拟。在这种情况下,耐擦写次数和不同的动态范围是循环耐久性的关键评估参数。为此,需要设计循环耐久性表征方法,研究耐擦写次数和模拟型阻变存储器中不同的动态范围的关系。

模拟型阻变存储器的循环耐久性测试存在诸多挑战:①难以固定循环擦写的多个阻变窗口。传统的循环耐久性测试都是在二值型阻变存储器上进行的,循环擦写时只要高阻和低阻值不超过分界线都认定成功,允许的误差范围较大。而在模拟型阻变存储器中,为了研究耐擦写次数与动态范围的关系,需要将循环的高低阻态限制在较小的误差范围内,误差范围保证了不同阻态可以区分,但是这无疑增加了编程的难度。②测试效率低,耗时长。基于传统的测试系统(如 B1500)和测试方法,单次循环和采样读所花费的时间约为 4s,以传统的二值型器件为例,其耐擦写次数的典型值为 10^6 次。百万次以上的循环擦写次数耗费的时间令研究者不堪重负。③测试效率和实时监测之间的矛盾。降低读采样的次数可以缩短测试时长,但是器件在前期磨损期容易出现击穿失效。如果增加采样间隔,便难以发现器件早已失效,既浪费了测试资源,也增加了不必要的测试时间。④数据采集与存储问题。百万次循环带来的数据量将给测试系统的内存造成压力，甚至拖累测试速度。

为了解决以上问题，本书依托 4200-SCS 半导体参数分析仪，开发了一套循环耐久性高速测试模块：Clarius-Endurance。基本测试单元的脉冲波形如图 2.15 所示。一次 SET 和一次 RESET 称为一次循环(cycle)。为了提升测试效率，测试程序中设计了循环单元的概念，一个循环单元由 N 次循环和一次读采样操作构成，通过缩短脉冲发生器和信号采集之间切换的频率来缩短测试时间。另外，为了缓解测试效率和实时监测的矛盾，提出了准实时监测(quasi real-time monitoring)方法，通过动态调整循环单元大小，及时发现并剔除失效器件。具体方法是在循环测试前期采用较小的循环单元，随着循环测试次数的增加，逐渐增加一个循环单元的次数。如此一来，既保证了较高的测试效率，又能保证不定期监测器件电阻值，避免器件失效后依然被操作的问题。同时，数据存储的问题也随之解决。以循环单元为单位，采用分批搬移数据的方式可以有效降低内存占用比例的问题，进而提升测试效率。假设循环次数为 1000 次，脉冲宽度为 200ns，根据传统方法耗时约为 4s，而根据本书提出方法，循环单元在前后期分别设为 1 和 10，耗时约为 0.55ms。可见，该方法能显著提升测试效率(超过 700 倍)。当循环次数大于 1000 时，测试效率的提升将更加明显。

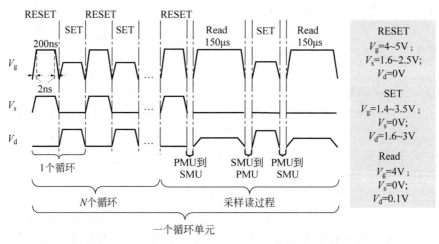

图 2.15　循环耐久性基本测试单元的脉冲波形示意图

为了研究循环耐久性与动态范围之间的关系，本书提出动态范围可调的循环阻变调制方法，如图 2.16 所示。动态范围通过设置循环窗口的高低

电阻值 R_H 和 R_L 来调控,同时,为了固定动态范围,对高低电阻分别设置两组上下边界,即 ΔR_{HP} 和 ΔR_{HN} 确定高阻态 R_H 的误差范围,ΔR_{LP} 和 ΔR_{LN} 确定低阻态 R_L 的误差范围。接下来寻找一组平衡的循环操作电压,通过将电压值和目标动态范围参数配置到循环耐久性高速测试模块 Clarius-Endurance 中,执行一个循环单元的测试任务。在读采样时,判断读电阻是否在误差允许的范围内,如果出现不满足误差范围的情况,则需要进一步调整和更新循环操作电压,进而执行多组循环单元的测试任务。

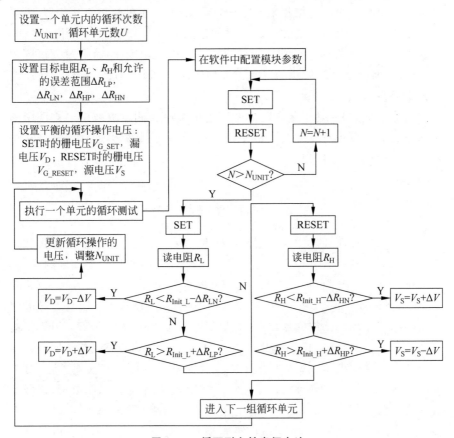

图 2.16　循环耐久性表征方法

在神经网络在线训练阶段,器件电导值表示神经网络模型的权重值。在误差反向传播和梯度下降算法等算法的指导下,器件电导被多次调节,最终获得整体最优的权重组合和最佳的训练效果。为了研究此过程中器件循环耐久性的退化,需要在器件上模拟在线训练时的权重更新过程。但是由于不同的训练任务中权重更新的过程存在巨大差异,即使在相同的计算任务下,权重矩阵中不同位置的权重的更新路径千差万别,这给表征造成困难,目前国际上还没有相关的研究。但是,在线训练阶段所有的电导更新都有一个共同点,那就是器件都是在弱脉冲激励下改变了电导值,实现了电导更新。这里的电导变化量远小于存储应用中循环擦写时的电导变化量。本书就是抓住这个共同点,设计并提出了弱脉冲激励的小步长增量阻变的方法,研究了在线训练时器件的循环耐久性退化问题和循环耐久性退化对神经网络的影响。小步长增量阻变方法和图 2.16 展示的测试方法相似,不同点在于循环操作电压选用和在训练时相近的脉冲操作条件。利用此方法,在模拟型阻变存储器上实现了 10^{11} 次小步长增量阻变次数,通过分析证明了 10^{11} 次小步长增量阻变足以支撑在线训练的需求。这一部分将在第四章详细介绍。

值得一提的是,基于此方法的循环耐久性高速测试模块已经被国际测试测量和监测设备行业龙头企业 Tektronix 公司采纳并开发成了标准测试模块,该模块已经推广商用。

2.4　可靠性模拟方法

研究阻变存储器的微观物理形貌的变化对于理解器件的阻变机理和可靠性退化过程具有重要意义。通过显微镜进行直接观测是最直接的手段。Y. Zhang 等[125]发文报道了用高分辨率透射电子显微镜(transmission electron microscopy,TEM)直接观察到了铪基阻变存储器在阻变后导电细丝组分和晶体环境结构的变化,认为阻变区域在单斜晶向和四方相氧化铪之间的相变是由导电细丝中流过的电流产生的焦耳热和氧空位浓度综合作用的结果。这项工作直观地揭示了阻变存储器阻变的动态演化过程,对于理解阻变机理具有重要意义。但是从图 2.17 中的电学测试结果看,该器件表现为二值型阻变特征,且低阻态电流在 mA 量级,因此,该研究对于具有多个阻态的操作电流在 μA 量级的模拟型阻变存储器并不适用。由于模拟型阻变存储器的导电细丝直径的特征尺寸远小于二值型器件的导电细丝,因此在观测时极难捕捉到目标区域,并且对观测设备的分辨率提出更高的要求。关于模拟型阻变存储器的微观表征工作还没有文献报道。受限于以上困难,对阻变器件进行建模和仿真来模拟器件微观物理机理的变化不失为一条有效的途径。本节采用动态蒙特卡洛的方法,通过在阻变区域中构建电导网络,计算电场电势分布、温度分布和氧空位分布等,模拟阻变的动态演化过程,以此来辅助分析模拟型阻变存储器的可靠性退化过程。

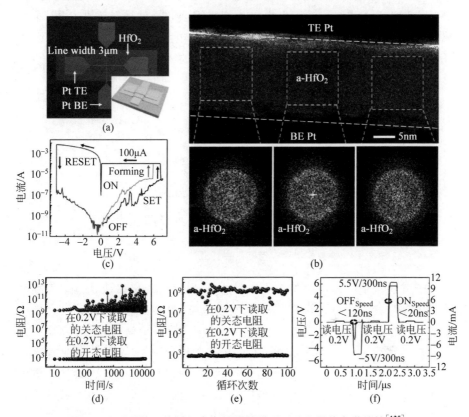

图 2.17　观测的二值型阻变存储器的微观形貌和器件电学特性[125]

当模拟器件的阻变过程时,首先需要进行初始化,即设定初始的氧空位浓度。器件阻变电流和氧空位浓度呈正相关关系。程序中根据设定的氧空位浓度随机地在阻变区域内分配初始的氧空位分布。实际器件的阻变功能层中的氧化铪具有复杂的非晶结构,为了简化分析,本书采用电导网络模型模拟阻变区域的晶格分布,如图 2.18 所示。图中用圆点代表氧空位和非氧空位(氧离子或氧原子),圆点之间用线连接表示这个组合的电导。一般认为,两个氧空位之间的电导最大,呈现金属性,且电导值不随外界电压变化,用 $g_{V\text{-}V}$ 表示。两个非氧空位之间的电导最小,且电导随外界电压增加呈指数增加,用 $g_{O\text{-}O}$ 表示,$g_{O\text{-}O}=Ae^{\alpha V}$。其中,$V$ 是器件两端的电压,α 是电压比例因子,A 是两个非氧空位组合的电导参数。氧空位和氧空位之间的电导大小介于两者之间,电导也随外界电压增加呈指数增加用 $g_{V\text{-}O}$ 表示, $g_{V\text{-}O}=Be^{\beta V}$,其中,$V$ 是器件两端的电压,β 是电压比例因子,B 是氧空位和非氧空位组合的电导参数。根据电导网络模型和器件材料仿真参数,通过联立基尔霍夫电流方程,可以求解各个节点的电势,进而求解整个阻变区域的电势电场分布。通过欧姆定律,可以得到各条导电通路的电流,即得到电流分布,各通路电流之和为流经器件的总电流。

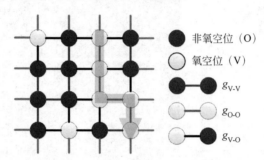

图 2.18 模拟型阻变存储器阻变区域的电导网络模型示意图

已知各条电导通路的电流分布和电导,根据焦耳定律计算出这条通路上的发热功率。要想计算温度分布,需要建立和电导网络模型类似的热导网络模型。类比电导公式(2-5)(其中,σ 为电导率,S 为材料面积,L 为材料长度),热导可以用式(2-6)表示(其中,θ 为热导率)。发热功率即为热导与温度差之积。类似于求解基尔霍夫电流方程,根据一个节点的发热功率等于周围节点的散热功率之和,联立和求解方程可以得到阻变区域内各个节点的温度分布。

$$G = \sigma \frac{S}{L} \tag{2-5}$$

$$T_C = \theta \frac{S}{L} \tag{2-6}$$

已知电场电势分布和温度分布之后,可以通过式(2-7)计算氧空位的生成速率 P_g。其中,f 为晶格振动频率;E_g 为氧空位生成能;γ 是电场加强因子;E 为电场强度;q 为氧空位电荷量;k 为玻尔兹曼常数;T 是该节点的温度。同样地,氧空位迁移速率和复合速率满足同式(2-7)相同的计算方式,只是参数的意义和取值不同。当求解氧空位迁移速率时,E_g 表示氧空位迁移势垒,E 表示分方向的电场强度;当求解氧空位和氧离子的复合速率时,E_g 表示氧空位和氧离子的复合势垒。

$$P_g = f \cdot \exp\left(\frac{-E_g + \gamma qE/2}{kT}\right) \tag{2-7}$$

得到氧空位生成、迁移和复合这些微观事件的速率之后,接下来通过动态蒙特卡洛的方法确定下一步发生的微观事件,从而获得新的氧空位分布。这一步是构建各事件的速率阵列:给每个节点编号($i = 1, 2, \cdots, n$),每个节点对应的生成、迁移、复合的速率分别记为 g_i、m_i、r_i。得到氧空位生成事件的速率矩阵为 $\left[g_1, g_1 + g_2, g_1 + g_2 + g_3, \cdots, \sum_{i=0}^{n} g_i\right]$,类似地可以得到迁移事件的速率矩阵 $\left[m_1, m_1 + m_2, m_1 + m_2 + m_3, \cdots, \sum_{i=0}^{n} m_i\right]$ 和复合事件的速率矩阵 $\left[r_1, r_1 + r_2, r_1 + r_2 + r_3, \cdots, \sum_{i=0}^{n} r_i\right]$,最后得到所有事件的速率矩阵为 $\left[\sum_{i=0}^{n} g_i, \sum_{i=0}^{n} g_i + \sum_{i=0}^{n} m_i, \sum_{i=0}^{n} g_i + \sum_{i=0}^{n} m_i + \sum_{i=0}^{n} r_i\right]$,矩阵中最后一项为所有事件的速率之和,为了方便描述记为 M。

接下来程序随机产生一个介于 0 和 M 之间均匀分布的随机数 s。假如 $\sum_{i=0}^{n} g_i \leqslant s < \sum_{i=0}^{n} g_i + \sum_{i=0}^{n} m_i$,则可以确定下一个时刻发生的事件将是氧空位迁移,进一步在迁移事件速率矩阵中可以获得氧空位迁移的位置,由此得到新的氧空位分布。根据新分布可以用电导网络模型求解电流。循环条件则由可靠性仿真的需求确定。本书在研究模拟型阻变存储器的数据保持特性和循环耐久性特定阻变次数后的模拟阻变曲线时都使用了上述模型,模型的流程总结在图 2.19 中。

以模拟型阻变存储器的数据保持特性研究为例,器件两端没有电压信号,氧空位在阻变区域中仅在浓度梯度和外界温度下扩散和跳跃到附近晶格,即式(2-7)中电场强度为零,E_g 表示氧空位的扩散势垒。在此情况下,为了研究统计角度下多个不同阻态的器件中氧空位跳跃对器件电导值变化的影响,采用上述动态蒙特卡洛方法对不同氧空位浓度下改变一个氧空位的位置后的电导分布进行仿真,如图 2.20 所示。结果证明在多条弱导电细丝的环境中,氧空位浓度决定器件电导的大小,多次重复仿真得到的电导分布满足正态分布特征。为此可以大胆推论,在一定程度下多个氧空位连续跳跃引发的电导分布的变化是多个独立的正态分布的叠加,仍然保持正态分布的特征。该仿真结论也和第三章中的实验数据呈现的规律一致。

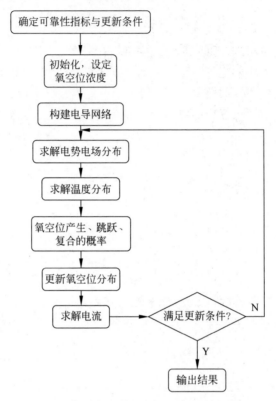

图 2.19　模拟型阻变存储器的可靠性仿真流程

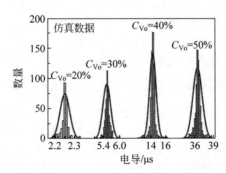

图 2.20　不同的氧空位浓度下改变一个氧空位的位置后的
电流分布的仿真结果

2.5　可靠性影响的量化方法

为了准确地刻画可靠性退化对神经网络准确率的影响,本节提出了可靠性影响的量化方法,包括离线训练和在线训练两个阶段,如图 2.21 所示。根据上文的分析可知,数据保持特性退化对离线训练阶段的准确率影响最为严重,接下来将通过如下方法量化这种影响。首先,在计算机端用软件构建神经网络模型,完成神经网络权重矩阵初始化。将被测数据库信息作为输入,以 MNIST 数据库为例,输送到模型中进行前向推理和反向传播以更新权重,如此反复训练,最终得到一组使损失函数误差最小的权重矩阵。接着将软件上得到的权重矩阵量化成多比特的电导矩阵,建立权重值和电导值的函数对应关系。其次,代入阵列级的数据保持特性模型,根据模型描述的电导分布随时间的变化关系,模拟电导矩阵中电导随时间的变化,可以得到一组与数据保持时间相关的电导矩阵。再次,根据电导与权重的对应关系,将电导矩阵反向转化成权重矩阵,完成权重更新。最后,通过前向推理,得到对应于数据保持时间的推理准确率。由此,完成了数据保持特性退化对神经网络准确率影响的量化方法。

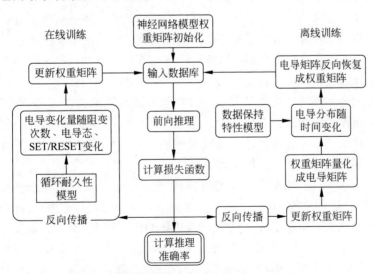

图 2.21　量化可靠性退化对神经网络影响的方法

模拟型阻变存储器的循环耐久性对准确率的产生影响主要发生在神经网络在线训练阶段。与离线训练不同,在线训练的反向传播是在硬件上完成的,因为实际器件中电导变化量不是固定不变的,并且随着器件磨损程度的增加,电导变化量与电导更新次数、器件当前所处的电导态以及 SET 和 RESET 的操作方向都有关系,这一关系由循环耐久性模型来描述。基于此模型,能够更新在线训练时的电导矩阵,如此反复,经过多次迭代直至算法收敛,最终得到一组推理准确率。由此,可以量化器件的循环耐久性退化对神经网络在线训练时准确率的影响。

2.6　本章小结

本章从基于模拟型阻变存储器的神经网络硬件系统中出现的可靠性问题出发,开展了从器件到系统的跨层次可靠性分析与评估方法的研究,为设计和实现高可靠性的神经网络加速芯片奠定了基础。具体内容总结如下:

(1) 建立了面向神经网络的模拟型阻变存储器可靠性的多层次分析与评估框架,为计算应用中的器件可靠性研究提供了方法指导。评估框架包括六个层次:①明确影响计算系统性能的可靠性问题;②分析并确定了面向神经网络的可靠性评估参数和可靠性需求;③设计并提出针对可靠性评估参数和需求的表征方法;④借助表征方法设计实验进行可靠性建模并总结可靠性退化规律;⑤利用可靠性模拟方法辅助解释并分析可靠性退化的物理机理;⑥利用可靠性模型量化可靠性退化对神经网络准确率的影响。

(2) 建立了面向神经网络的可靠性评估方法。通过对比神经网络应用与传统存储应用在可靠性退化容忍度和器件操作方式上的差异,明确了影响神经网络准确率的功能可靠性和基本可靠性问题的特征。当前,国际上尚无面向神经网络的数据保持特性和循环耐久性的定量评估方法研究,本书设计并提出了可靠性评估参数和求解最低可靠性需求的方法,为评估和量化可靠性退化的影响提供了理论依据。

(3) 提出了面向神经网络的可靠性表征方法。从可靠性评估参数出发,提出了用于数据保持特性研究的多阻态双向阻变调制方法,为阵列级的统计测试提供了技术支持。提出了用于循环耐久性研究的动态范围可调的多阻态循环测试方案,使测试效率提升了 700 倍以上。本章还进一步提出了小步长增量阻变方法,能够模拟在线训练时的器件循环耐久性退化,基于此方法器件表现出 10^{11} 次电导更新次数,足以支撑在线训练应用需求。值得一提的是,循环耐久性的表征方法已被国际测试测量和监测设备行业龙头 Tektronix 公司采纳并开发为标准测试模块,且已推广商用。

　　（4）开发了可靠性的模拟方法。基于动态蒙特卡洛方法的仿真模型能够模拟器件的微观形貌的变化,仿真得到的数据保持特性变化规律和实验数据具有一致的退化规律。此方法为模拟可靠性退化提供了仿真工具,同时为解释可靠性退化的原因提供了依据。

　　（5）建立了可靠性影响的量化方法。设计了可靠性模型代入神经网络模型执行离线训练和在线训练的方法,为定量分析可靠性退化对神经网络准确率影响提供了解决方案。

第 3 章　面向神经网络的数据保持特性研究

　　基于模拟型阻变存储器的存算一体芯片以模拟量的形式在阵列上原位执行矩阵向量乘法运算。和传统基于冯·诺依曼架构的神经网络加速芯片相比,它减少了数据搬移带来的功耗和时间开销,也大大缓解了带宽的压力。但是在这种计算范式下,当存储器件存储的信息出现误差时,误差的累积效应将随着神经网络模型的层数和参数量的增加而增大,因此,系统准确率对存储器件上存储的信息的变化较为敏感。尤其在离线训练阶段,一旦每两次推理之间的时间间隔较长,阵列上电导发生的变化就会导致准确率下降,不利于系统性能的稳定保持。由此,数据保持特性是神经网络应用中的关键可靠性之一。

　　但是模拟型阻变存储器的数据保持特性研究仍处于萌芽阶段,还有诸多关键问题亟待解决。一方面,模拟型器件的数据保持特性退化对神经网络准确率的影响还不清晰,没有可行的数据保持特性评估方法,无法确定计算应用对器件数据保持特性的最低需求,难以确保系统离线训练准确率长期保持在合理的范围内。另一方面,如何获取数据保持特性退化规律是另一个难题。单器件的电阻值随时间的变化是杂乱且无规律的,因此难以通过单器件的表征总结退化规律。针对以上问题,本章将在第 2 章提出的从器件到系统的跨层次可靠性分析与评估方法的指导下,从阵列级数据保持特性建模、分析退化规律的物理机理、量化数据保持特性退化对神经网络准确率的影响三个方面进行系统分析和研究,明确典型的神经网络应用对模拟型器件数据保持特性的最低需求,并提出维持系统高准确率的方法。本章工作搭建了模拟型器件数据保持特性与存算一体系统之间的桥梁,为评估实际系统中的数据保持特性提供了指导方法。

3.1　数据保持特性行为分析与建模

　　模拟型阻变存储器理论上可以实现无数个连续阻态,能够极大地提升存储密度,也能满足神经网络训练中权重更新所需要的高模拟状态数的需求[126]。本节主要介绍多阻态、多温度场和差分式阻变存储器的数据保持特性变化规律,根据真实的器件行为表现完成建模。

3.1.1　多阻态的数据保持特性分析与建模

传统的阻变存储器的数据保持特性研究对象是 SET 突变型的二值型阻变存储器[127],甚至局限于研究单个器件的数据保持特性[128]。如图 3.1 所示,可以发现器件电流值随时间的波动是随机的,电流变化量也是无规律的,这给阻变存储器的数据保持特性退化规律研究带来了挑战。同时,相同的工艺制造条件和编程条件下,不同器件之间也存在不同程度的波动性。更重要的是,具有多个阻态的模拟型阻变存储器的数据保持特性退化规律仍缺乏研究。由于上述这些问题,很难通过研究单个器件的数据保持特性变化来确定阻变存储器真实的数据保持能力,也给规避神经网络硬件系统中的数据保持特性的影响带来困难。

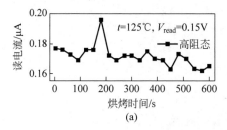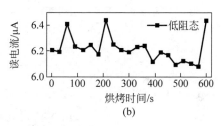

图 3.1　单个阻变存储器的数据保持特性

(a) 高阻态器件;(b) 低阻态器件

为了弥补测试器件数量不足导致的数据保持特性退化规律不清晰的问题,本书开展了阵列级的模拟型阻变存储器的数据保持特性研究。待测阵列上器件典型的阻变范围在 $150\mathrm{nA}\sim 8\mu\mathrm{A}$,考虑到编程裕度,将器件初始态电流设定为 $0.2\mu\mathrm{A}$、$0.5\mu\mathrm{A}$、$1.0\mu\mathrm{A}$、$2.0\mu\mathrm{A}$、$3.0\mu\mathrm{A}$、$4.0\mu\mathrm{A}$、$5.0\mu\mathrm{A}$、$6.0\mu\mathrm{A}$ 共 8 个阻态。通过 2.3 节提出的表征方法,得到了 8 个阻态的数据保持特性的电流分布,如图 3.2 所示。灰色的线表示一个模拟型阻变存储器件在 125℃下烘烤 600s 期间的读电流变化曲线,红色的点代表在特定采样时间点处具有相同初始阻态的所有模拟型阻变存储器的读电流的平均值。观察红色的线可知,经过长时间的烘烤后,每个阻态的器件读电流均值基本不变。接下来单独提取一个中间阻态的一组曲线,如图 3.3 所示,整体的读电流分布呈现出前期分布紧凑,在高温的加速老化作用下,后期电流分布呈现出向较高电流和较低电流两个方向对称扩展的现象。90％以上的器件在两条红色虚线之间的区域内,剩余的不足 10％ 的器件表现为无规律的高幅电阻波动,进一步说明了只通过单个或几个有限的器件难以获得确切的数据保持特性的退化规律并建立有效的数据保持特性量化模型。

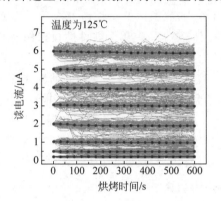

图 3.2　高温烘烤下模拟型阻变存储器多个阻态的数据保持特性行为(见文前彩图)

注:灰色线为实测数据,红色线为均值

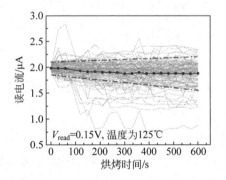

图 3.3　初始阻态为 2.0μA 的器件电流分布随数据保持时间的变化(见文前彩图)

注:灰色线为实测数据,红色线为均值

为了进一步准确建立阵列中的器件读电流分布与数据保持时间的关系,根据第二章提出的数据保持特性评估参数和评估方法,对图 3.3 中的每一个时间采样点下超过 100 个器件的电流数据进行了数据分析。图 3.4 是分别在 30s、300s 和 600s 时刻的三个电流分布直方图。通过柯尔莫可洛夫-斯米洛夫检验(Kolmogorov-Smirnov test,K-S Test),可以确定除初始态(编程后表现为均匀分布)以外的每个采样时刻的电流分布都满足正态分布特征。利用 MATLAB 软件工具箱中的数据拟合功能,可以得到阵列中每个时刻下电流分布的标准差 σ 与数据保持时间 $\sqrt{t}$ 呈线性关系,即:

$$f(I,t) = \frac{1}{\sqrt{2\pi}\sigma} \exp\left[-\frac{(I-I_0)^2}{2\sigma^2}\right] \qquad (3\text{-}1)$$

$$\sigma = \lambda\sqrt{t} + \theta \qquad (3\text{-}2)$$

式中,$f(I,t)$ 是电流分布的概率密度函数;I 是当前时刻的电流值;I_0 是这组电流值的平均值;λ 和 θ 是无量纲系数,分别表示式(3-2)中直线的斜率和截距。采用相同的数据分析方法可以证明其他 7 个阻态也呈现出相同的正态分布特征和规律。

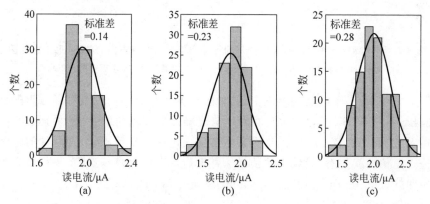

图 3.4　在特定采样时间处的阵列上器件电流分布直方图和拟合的正态分布曲线
(a) 30s 处的电流分布;(b) 300s 处的电流分布;(c) 600s 处的电流分布

图 3.5 展示的是在 125℃ 下模拟型阻变存储器阵列上 8 个阻态电流分布的标准差与数据保持时间的关系。由于器件中导电细丝连通和断裂时的导电机制不同,不同阻态的标准差和数据保持时间的关系也应该分情况讨论。由图 3.5 可以看出在较高阻态中(初始电流态为 0.2μA、0.5μA、1.0μA),式(3-2)中的系数 λ 和 θ 不再是一个常数,而是与阻态有关的变量。而在较低的阻态中(初始电流态为 2.0μA、3.0μA、4.0μA、5.0μA、6.0μA),系数 λ、θ 和阻态的相关关系不明显,近似可以用同一组常数表示。由此,最终得到的多阻态数据保持特性的数值模型为:

$$\sigma(I,t) = \lambda(I) \cdot \sqrt{t} + \theta(I) \qquad (3\text{-}3)$$

$$\lambda(I) = \begin{cases} 6.1 \times 10^{-3}, & 2\mu A \leqslant I \leqslant 6\mu A \\ (4.4I - 0.15) \times 10^{-3}, & 0.2\mu A \leqslant I < 2\mu A \end{cases} \qquad (3\text{-}4)$$

$$\theta(I) = \begin{cases} 0.083, & 2\,\mu\mathrm{A} \leqslant I \leqslant 6\,\mu\mathrm{A} \\ 0.046I - 0.018, & 0.2\,\mu\mathrm{A} \leqslant I < 2\,\mu\mathrm{A} \end{cases} \tag{3-5}$$

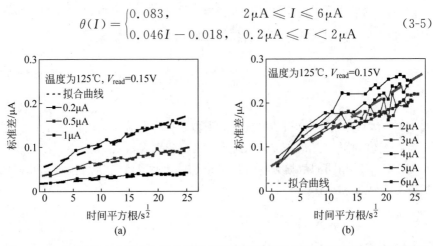

图 3.5   在 125℃ 下 8 个阻态电流分布的标准差与数据保持时间的关系(见文前彩图)
（a）初始阻态为较高阻态的拟合曲线；（b）初始阻态为较低阻态的拟合曲线

一般来说，在时间的维度上，器件电流变化与时间的关系可以分为三个阶段：①噪声，表现为极短时间内读电流轻微的波动，如图 3.6 所示；②弛豫效应，表现为较短时间内绝大多数器件波动在正常范围，个别器件的电流值迅速偏离初始态，且偏离幅值较大甚至造成存储信息错误，在累积概率分布曲线（cumulative-probability distribution function，CDF）上表现为长尾

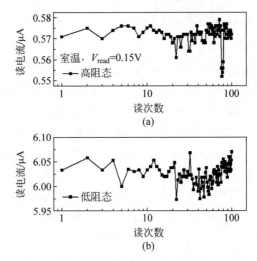

图 3.6   高阻态器件和低阻态器件数秒内读取 100 次的读噪声
（a）高阻态器件；（b）低阻态器件

（tail-bit）效应；③数据保持特性，表现为长时间范围内的器件电流从波动直至器件失效的过程。国际上对这三个现象的研究由来已久：D. Ielmini等[129]证实铪基氧空位型阻变存储器中存在的随机电报噪声（random telegraph noise，RTN）是器件的本征效应且不可避免，其来源于读电压诱发的导电细丝中局部焦耳热。另外，实验发现 RTN 引起的读电流波动明显依赖于编程电压的强度。闪烁噪声（flicker noise）是另一种本征的噪声类型[130]，又称 $1/f$ 噪声，其噪声谱密度是频率的倒数，往往和白噪声同时出现。一般认为闪烁噪声来源于电子在电极和导电细丝中的局部陷阱中俘获和被俘获[131-132]。C. C. Hsieh 等[133]研究了铈基阻变存储器短时间内的弛豫效应，认为串联的选通管是导致阻变存储器出现弛豫效应的原因。器件的弛豫效应会缩小器件的动态范围，进而增加读电流错误率。另外，该文章证明了增加 Forming 脉冲宽度可以有效缓解弛豫效应。

通过文献调研可以发现国际上对这三个阶段在时间上没有明确的界限[134-135]，换言之，从读噪声到器件弛豫最后到数据保持阶段在时间维度上是连贯的。由此可以设想，三个阶段的电流变化行为的规律可能是一致的。又因为这三个阶段都是在相同的无外界电场的环境下出现的物理现象，因此三者背后的物理机制也是相似且关联的。但是，仅针对一个阶段的分析难以对器件电导随时间的变化规律形成完整的认识。

基于这些猜想，本书对读噪声和弛豫效应做了和数据保持特性相似的实验和数据分析，旨在寻找三个阶段下电流变化规律的相同点。首先，对 1Kb 阵列上的模拟型阻变存储器件分为 8 个小组，将这 8 组器件分别编程到 8 个均匀分布的阻态。接着用定制的读模块在阵列上施加脉冲幅值为 0.15V，脉冲宽度为 50ns 的读脉冲序列在室温下连续读 100 次电流值，得到图 3.7 的结果。从统计的角度看，8 个不同阻态的读噪声和图 3.6 相似，电流波动变化量很小，阻态交叠现象远不如数据保持特性中的阻态交叠明显。

图 3.8 展示的是在图 3.7 中其中一个阻态的读噪声分布直方图和拟合的正态分布曲线，同样这组电流值也通过了柯尔莫可洛夫-斯米洛夫检验，证明了读噪声也满足正态分布特征，并且电流分布的标准差明显小于数据保持特性相近阻态的标准差。接下来用同样的方法计算每次读操作下各个阻态的读噪声分布的标准差。和数据保持特性的数据分析相似，这里用读次数（read cycle）类比数据保持时间，得到标准差与读次数的平方根的关系图，如图 3.9 所示。由图 3.9 可知，读噪声的标准差与阻态的关系与数据保

持特性相比更弱,但是在三个方面呈现出一致的规律:①读噪声和数据保持特性的电流分布均满足正态分布特征,且均值保持基本不变。②中间阻态的电流分布标准差在读噪声和数据保持期间都是最高的,说明中间阻态波动性更强且更不稳定。同时高阻态的电流分布标准差最低,这是因为高阻态的电流值也是最低的。③所有阻态的电流值分布标准差与数据保持时间(或读次数)的平方根呈线性关系。读噪声是在室温下的电流值,考虑到温度的换算关系,上述模型在读噪声阶段依然适用。

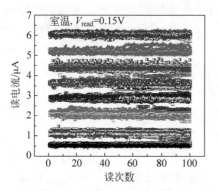

图 3.7　室温下阻变存储器阵列中的噪声分布

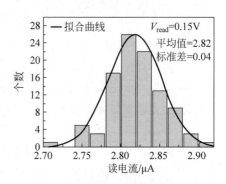

图 3.8　随机挑选的读噪声分布满足正态分布特征

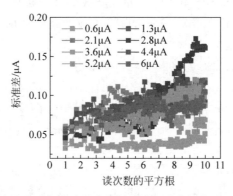

图 3.9　阵列中 8 个阻态的读噪声的标准差与读次数的关系(见文前彩图)

　　为了更直观地观察弛豫阶段器件电流的分布变化,本书调整了阵列编程方法。通过采用经典的增量步长脉冲编程中的单边 RESET 方式,将 1Kb 模拟型阻变存储器阵列编程到 16 个均匀分布的阻态,如图 3.10(a)所示。编程后一个阻态的电流分布表现为类似直角三角形的分布形态,即一侧紧凑集中频数高,另一侧的频数逐渐减小的形态,但是并没有出现相邻阻态电流相互交叠的现象。在室温下经过一段较短的时间后,每个阻态都呈现出对称延展的正态分布特征,且相邻阻态之间存在轻微的交叠,如图 3.10(b)所示。和前两个阶段相似,中间阻态的分散程度最高。由于弛豫效应时间也很短,近似等于一次阵列上的读操作时间,因此这里不再呈现标准差与弛豫时间的关系。但是经过验证,弛豫阶段器件的电流分布和数据保持阶段的电流分布相似,都满足正态分布。

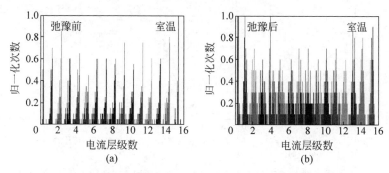

图 3.10　室温下阻变存储器阵列中 16 个阻态的弛豫效应前后对比

(a) 弛豫效应前的电流分布;(b) 弛豫效应后的电流分布

3.1.2　多温度的数据保持特性分析与建模

环境条件会极大地影响半导体器件的性能,温度是其中最重要的因素之一。在研究数据保持时间换算关系的经典模型阿列纽斯方程中,温度是关键指标,也是影响氧空位分布的关键因素。X. Wang 等[136]研究了铪基阻变存储器的低阻态随温度的变化关系,利用原子级仿真手段证明了低阻态器件具有正温度系数,即温度越高电阻值越大,其热不稳定性与阻变功能层中的氧空位再排列有关。因此,温度也和电流分布有着密切的关系。为了进一步研究多阻态阻变存储器的数据保持特性和温度的关系,本书在多个环境温度下对模拟型阻变存储器阵列开展了数据保持特性研究。

图 3.11 是模拟型阻变存储器阵列中初始态为 $3\mu A$ 的中间阻态在三个温度(125℃、150℃和175℃)下的读电流分布的累积概率分布图。图中纵坐标数值呈现正态分布的间隔样式,也就是说,如果图中的累积概率分布曲线是直线,则表示这一组数据满足正态分布特征。由图 3.11 可知,中间阻态的电流分布在 125℃、150℃和175℃三个高温下烘烤 12000s(浅紫色线)后依然保持正态分布的特征,并且在长时间的烘烤下表现出更大电阻范围

的对称延展。换言之,该阻态的器件读电流向高阻态和低阻态扩展的器件数量几乎相同,电流分布的标准差也随时间增大。图 3.12 直观地展示了初始电流态为 3.0μA 的电流变化量与三个温度的对比关系,在相同的时间尺度上,175℃的电流变化量峰值约是 125℃的两倍,可见,更高的温度会以更高的速度消耗器件的数据保持能力。同时,也不难看出三个温度下中间阻态的电流均值几乎保持不变。

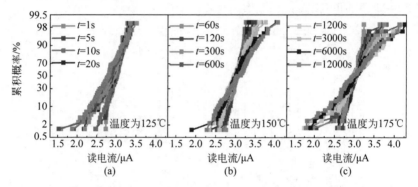

图 3.11　模拟型阻变存储器阵列在 125℃、150℃和 175℃下的读电流分布的
累积概率分布图(见文前彩图)

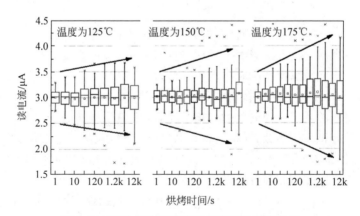

图 3.12　三个温度下读电流分布随时间的变化

通过上文的分析可知,中间阻态的电流分布特征不随温度变化,始终保持均值不变的正态分布。而高低阻态的电流分布中存在长尾现象,但是由于数据量较少,难以开展数据分析,因此这一部分本节暂不做讨论,将在下一节详细解释。为了进一步探究中间阻态数据保持特性与温度的关系,采用和 3.1.1 节相同的数据分析策略,研究了初始电流态为 $3\mu A$ 的器件群组的电流标准差随数据保持时间的变化。如图 3.13 所示。在 125℃、150℃ 和 175℃ 三个温度下电流标准差 σ 与时间的对数 $\lg(t)$ 呈线性关系由式(3-6)表示。标准差随时间对数的变化率 slope 与温度 T 满足线性关系,如式(3-7)所示。由此,多温度场下的数据保持模型得以建立。

$$\sigma(t) = \text{slope} \cdot \lg(t) + b \qquad (3\text{-}6)$$

$$\text{slope} = \frac{\Delta\sigma}{\Delta\lg(t)} = 1.53\text{e}^{-3} \cdot T - 0.18 \qquad (3\text{-}7)$$

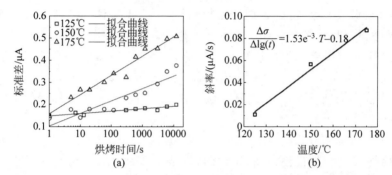

图 3.13　125℃、150℃ 和 175℃ 下中间阻态的电流标准差与数据保持时间的关系

(a) 三个温度下标准差与时间的对数的线性拟合曲线;(b) 拟合曲线的斜率与环境温度的关系

3.1.3　差分阵列的数据保持特性分析与建模

随着神经网络算法的发展,神经网络模型拓扑结构越来越复杂,参数量和计算量逐年呈指数增长[137-138],对硬件系统的性能提出了更高的要求。差分结构的阻变存储器是实现神经网络的常见方式[83-85,139],同时,差分结构也能带来诸多好处:①两个正电导做差后可以引入负电导,能够用于表示神经网络中的非正值权重,进而执行推理和训练任务。②采用差分结构可以提高一个权重单元的权重精度。比如,两个 2bit 的阻变存储器差分后可以等效为一个"准 3bit 模拟状态"(有 7 个取值的权重)的权重单元,由此有效提升了权重精度,能够缓解神经网络在线训练中权重精度不足导致的准确率损失问题[140]。③随着阵列规模的扩大,导线上累积的电流之和随之增加。由于阵列中存在寄生电阻,导线上电压降也会随着电流和增加而增加[141-142]。差分结构中通过两个器件的电流求差,可以显著降低导线上流过的电流总和。如果差分的两个器件电导值相等,相减后的电导则是零,那么经过读电压后的输出电流便会就地抵消。由此,这种方式有利于实现低功耗的高并行度神经网络计算。

差分式阻变存储器的数据保持特性模型不能照搬单器件(1T1R)模型,后者存在一些弊端:①单器件级的数据保持特性模型没有考虑长尾效应和寄生电阻等非理想因素,不能反映差分式阻变存储器阵列中的电导误差在存算一体硬件平台上的累积结果。②参与构建单器件的数据保持特性模型的实验数据量较少(Kb级),一些数据保持特性带来的非理想效应难以呈现,如长尾效应。并且神经网络模型权重规模在 Mb 量级,小体量的模型难以准确刻画计算系统的数据保持退化行为。③单器件的模型测试时间较短,难以准确反映差分电导误差在时间上的累积,进一步难以确定长时间烘烤后差分电导的数据保持特性退化对神经网络准确率的影响。为了解决上述问题,本节基于 Mb 级阵列的统计测试,提出了一套更为准确的差分阵列中列电流和的数据保持特性模型,从而建立了差分阵列中数据保持特性退化与神经网络准确率的关系。

为了研究差分式阻变存储器的数据保持特性,本书搭建了基于差分式模拟型阻变存储器的测试系统,如图 3.14(a)所示。为了分析电导变化造成神经网络准确率损失的内在原因,数据保持特性研究被分为三个阶段:①单器件(1T1R)阶段。这一部分在 3.1.1 节、3.1.2 节中做了详细的阐述,表现为中间阻态在高温和长时间的烘烤下保持稳定的正态分布特征,均值保持和初始值相近,标准差随时间以一定的速率增长,增长速率是温度的函数。较高和较低阻态的器件在高温下烘烤较长时间后的电导分布从正态分布转变为偏态分布,出现向中间阻态偏移的长尾效应,如图 3.14(c)所示。②差分对(2T2R)阶段。经过差分后,差分单元的电导分布更加分散,长尾效应更加明显,如图 3.14(d)所示。③列电流和(I_{sum})阶段。考虑了长尾效应和导线的寄生电阻效应。列电流和是一列中 2T2R 器件的电流之和,也是卷积运算或矩阵向量乘后的结果,在激活函数等处理后分别转化为下一层特征图或全连接层的神经元的值。在这种情况下,上一层的误差被逐层继承和累加。图 3.15 展示了列电流和的误差在数据保持时间上的累积效应。以列编号为 15 的列电流和为例,在 125℃下 10min 时的列电流和为负值(蓝色),而在 20min 时,列电流和变为正值(红色),在随后的采样时刻,列电流和由逐渐变为负值。可见,列电流和的极性在数据保持阶段容易发生反转现象,这正是神经网络模型乘累加计算的中间结果发生错误导致准确度下降的原因。图 3.14(e)展示了不同采样时间下列电流和的概率密度函数曲线。随着网络深度的增加,电流和累积的误差率会导致准确率下降,如图 3.14(f)所示。

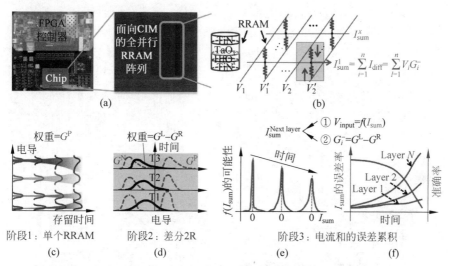

(a)　(b)

阶段1：单个RRAM　阶段2：差分2R　阶段3：电流和的误差累积
(c)　(d)　(e)　(f)

图 3.14　面向神经网络的差分式模拟型阻变存储器的数据保持特性研究示意图(见文前彩图)

(a) 全并行模拟型阻变存储器阵列的照片和存算一体系统的照片；(b) 差分式阻变存储器(2T2R)阵列示意图；(c) 1T1R 表示一个权重时器件的数据保持特性行为特征；(d) 2T2R 表示一个权重时器件的数据保持特性行为特征；(e) 2T2R 阵列列中电流和的概率分布随时间的变化示意图；(f) 列电流和的错误率与准确率与数据保持时间的关系示意图

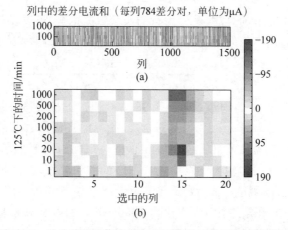

列中的差分电流和(每列784差分对,单位为μA)

(a)

(b)

图 3.15　差分阵列中列电流和随时间的变化(见文前彩图)

(a) 整体变化；(b) 随机挑选的 20 列的列电流和随时间的变化

    本节在超过 1Mb 模拟型阻变存储器件上研究数据保持特性退化,每个器件被编程到 4 个电导态,分别为 S1—2. 67μS、S2—10. 67μS、S3—18.77μS、S4—26.67μS。根据 3.1.1 节的结论,因为高阻态的标准差最小,这里选择高阻态即 S1 状态作为差分参考态,每个差分单元可以表示 7 个状态,即准 3bit 定点数。图 3. 16 展示了差分式阻变存储器与单器件的电导均值和标准差以及分布偏度(skewness)的对比。以两个 S1 态的差分式阻变存储器为例,差分平均值几乎为零且不随着时间增加,且差分后从单器件的高度偏态分布(|偏度|>1)转变为对称分布,但是标准差变为原来的 $\sqrt{2}$ 倍。

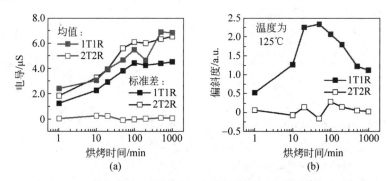

图 3.16   阻变存储器和差分式阻变存储器阵列中电导分布的均值和标准差及偏斜度随时间的变化关系(见文前彩图)

(a) 电导分布的均值和标准差;(b) 偏斜度随时间的变化关系

    沿用 3.1.2 节的方法,利用大量的实验数据拟合,可以发现低电导态的电导分布可以用下面的对数正态分布的概率密度分布函数表示:

$$f(G,t) = \frac{\tau}{\sqrt{2\pi}\sigma(t) \cdot G} \exp\left\{ -\frac{[\ln(G) - \ln(G_0)]^2}{2\sigma(t)^2} \right\} + \varepsilon \qquad (3\text{-}8)$$

式中,G_0 为电导 G 的均值;$\sigma(t)$ 为 $\ln(G)$ 的标准差;τ 和 ε 为拟合参数。由于高电导态的电导分布是左偏分布,因此不能直接用右偏的对数正态分布表示。考虑到器件的最大电导值 max 是 46.7μS,这里采用 max-G 的处理把高电导态分布转变为可以用上式拟合的右偏分布,得到拟合曲线后再分别用常数 max 减去 max-G 即可恢复为高电导态分布。图 3.17 展示的是 S1～S4 四个电导态在 125℃烘烤 1000min 后的电导分布直方图和采用上述模型拟合的曲线,可见,模型能够良好地拟合偏态分布中的长尾效应,并且对于对称分布的中间电导态也有较好的拟合能力。

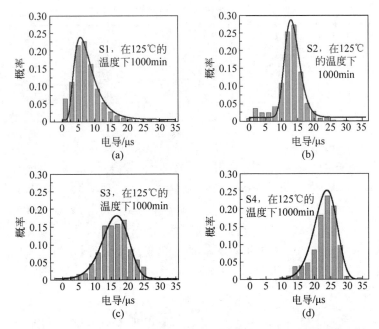

图 3.17　四个电导态的分布直方图和上述对数正态分布函数拟合结果

差分单元的数据保持特性变化行为可以通过两个相减的电导分布的联合概率密度函数获得。然而,对于两个对数正态随机变量的和与差没有完全封闭的解,但可以近似得到结果[143]。在这里引入 Lie-Trotter 分裂近似法[143-144]来构建差分电导分布的数据保持特性模型,其概率密度分布函数可以简化为式(3-9):

$$f^{\mathrm{LT}}(\overline{G^-}, \overline{G_0^-}) = \frac{\tau}{\sqrt{2\pi\overline{\sigma_-^2} \cdot \overline{G^-}}} \exp\left\{-\frac{[\ln(\overline{G^-}) - \ln(\overline{G_0^-})]^2}{2\sigma_-^2}\right\} \quad (3\text{-}9)$$

式中,$\overline{G^-}$ 和 $\overline{G_0^-}$ 由式(3-10)、式(3-11)和式(3-12)可得。G_1 和 G_2 是差分的两个器件的电导值,G_{10} 和 G_{20} 是 G_1 和 G_2 对数的平均值,与 $\lg(t)$ 呈线性关系。$m_{1,2}$ 和 $n_{1,2}$ 是与电导态相关的常数,取值见表 3.1。

$$\overline{G^-} = G^- + \left(\frac{\sigma_1^2 + \sigma_2^2}{\sigma_1^2 - \sigma_2^2}\right) G^+ \quad (3\text{-}10)$$

$$G^\pm = G_1 \pm G_2 \quad (3\text{-}11)$$

$$G_{10,20}(t) = m_{1,2}\lg(t) + n_{1,2} \quad (3\text{-}12)$$

表 3.1　4 个电导态的均值和标准差参数

状态	p	q	m	n
1	0.14	0.85	0.22	5.66
2	0.28	0.32	-0.06	7.34
3	0.26	0.06	-0.07	7.94
4	0.09	0.14	-0.08	8.4

$\overline{\sigma_-}$ 可以由式(3-13)表示。为了贴合模拟型阻变存储器的不同电导态的电导分布,需要调节移位的方差常弹性模型(constant elasticity of variance,CEV)中的波动率 $\beta(0<\beta<2)$[145-146],波动率取值和阻态满足指数函数对应关系,如图 3.18 所示。一般情况下,σ_1 大于 σ_2。σ_1 和 σ_2 是 G_1 和 G_2 对数的标准差,与 $\lg(t)$ 呈线性关系。$p_{1,2}$ 和 $q_{1,2}$ 是与电导态相关的常数,取值见表 3.1。以上模型刻画的退化规律在多种材料体系的模拟型阻变存储器中同样适用[147-148],但是模型的参数需根据实际器件具体情况进行调整。

$$\overline{\sigma_-}=(\sigma_1^2+\sigma_2^2)^{\frac{1-\beta}{2}}\left(\frac{\sigma_1^2-\sigma_2^2}{2}\right)^{\frac{\beta}{2}} \tag{3-13}$$

$$\sigma_{1,2}=p_{1,2}\lg(t)+q_{1,2} \tag{3-14}$$

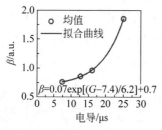

图 3.18　波动率 β 与电导态的关系图

考虑到对数正态分布是右偏分布,高电导态的分布是左偏分布,因此,当需要计算较低电导态与较低电导态构成的差分单元的电导分布时,采用 $G_1'=\mathrm{max}-G_1$ 的方法将高电导态分布暂时转变为右偏分布。此时 G_1' 代表差分单元联合概率密度分布函数中的一个变量。另一个变量即为低电导态的电导值 G_2,因此,低电导态与高电导态单元的差分电导等于 G_1' 和 G_2 之和。此时,联合概率密度函数则由式(3-9)更改为式(3-15),其他参数信息如式(3-16)和式(3-17)所示。最后的差分电导即为用模型生成的电导值减去 max 即可。如过需要求解高电导态与低电导态单元的差分电导分布,只需要将上述差分电导求相反数即可。

$$f^{\mathrm{LT}}(\overline{G^+},\overline{G_0^+}),\quad G_1'=\mathrm{max}-G_1 \tag{3-15}$$

$$G_{10}'(t)=\mathrm{mean}[\ln(\mathrm{max}-G_1)] \tag{3-16}$$

$$\sigma'_1(t) = \text{std}[\ln(\max - G_1)] \tag{3-17}$$

图 3.19 展示了差分后的电导分布与应用上述模型得到的概率密度分布曲线的拟合效果,四个图分别表示了两个相同的低电导态、不同的低电导态、低电导态和不同的高电导态构成的差分电导的电导分布。差分分布的联合概率密度函数计算的曲线与实验测量的差分分布良好的匹配效果验证了模型的有效性。

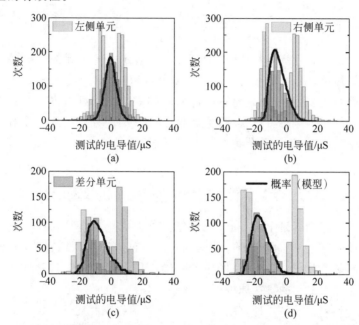

图 3.19　差分式阻变存储器的电导分布与差分分布联合概率分布模型曲线
(a) 左侧单元电导态为 S1,右侧单元电导态为 S1；(b) 左侧单元电导态为 S2,右侧单元电导态为 S1；
(c) 左侧单元电导态为 S3,右侧单元电导态为 S1；(d) 左侧单元电导态为 S4,右侧单元电导态为 S1
注:温度为 125℃,时间 1000min。

除了研究差分单元的数据保持特性退化规律,建立差分阵列的列电流和与数据保持时间的关系模型对于研究存算一体系统离线训练时的数据保持特性问题尤为重要。换言之,准确刻画在网络层之间直接传递的这些中间计算结果以及这些结果随时间变化对神经网络准确率的影响是研究数据保持特性的目标。另外,实际阵列中导线上的寄生电阻和差分结构的阻变存储器构成了一个复杂电阻网络。随着工艺尺寸微缩,如从 22nm 微缩为 10nm 工艺,阵列中两个相邻单元的导线电阻将会从 7.12Ω 增加到 40.30Ω,这对阵列可扩展性造成了巨大压力[149],同时在空间上增加了列电流和的累积误差。为此,本节在研究差分阵列中列电流和的数据保持特性退化时考虑了导线上寄生电阻的影响[142],列电流和可以由式(3-18)估算得到:

$$I_{sum} = \sum_{i=1}^{m} \frac{1 + \dfrac{\sum_{k=1}^{i}(i-k)\overline{G_k^-}}{g_{PR}}}{1 + \dfrac{\sum_{k=1}^{m}(m+1-k)\overline{G_k^-}}{g_{PR}}} \cdot \overline{G_i^-} \cdot V_i \qquad (3\text{-}18)$$

式中,V_i 表示每个差分电导输入电压;$\overline{G_i^-}$ 表示差分单元的电导并由差分模型计算得到;m 表示一列上的差分单元的数目;g_{PR} 表示相邻单元的导线上的寄生电阻,这里默认每一段电阻均相等。由此可以建立差分阵列中列电流和的数据保持特性模型,据此模型可以量化数据保持特性对神经网络准确率的影响,这一部分将在 3.3 节详细讨论。

3.2　数据保持特性的物理机理研究

自阻变存储器诞生之日起,数据保持能力退化一直是困扰研究者的关键可靠性问题之一。因为器件结构和材料不同,数据保持特性失效背后的物理机制各不相同,普遍认可的观点是随机扩散的氧离子和氧空位是导致数据保持能力退化的直接原因。Z. Wang 等[150]使用原位透射电子显微镜直接观察到银纳米粒子迁移引起的导电细丝的断裂和连接现象。该论文直接描述了基于阳离子的阻变存储器件中电阻切换背后的微观过程。Y. Zhao 等[151]在解释阳离子型阻变存储器的数据保持特性退化时认为,低阻态随时间向高阻态偏移是因为导电细丝中的阳离子受浓度梯度的驱使向低浓度区域扩散,导致导电细丝变细甚至断裂。高阻态失效则是因为断裂的导电细丝里的氧空位经历了长时间的顺浓度梯度扩散形成了渗透路径,连通了上下电极。

以上研究都只针对二值型阻变存储器的数据保持特性,对基于多条弱导电细丝的模拟型阻变存储器的数据保持特性研究仍较为缺乏。3.1 节提出的数据保持特性模型在统计角度上发现的退化规律给模拟型阻变存储器的数据保持特性物理机理的研究提供了新的思考角度。基于这个想法,本节开展了模拟型阻变存储器的数据保持特性研究,研究内容包括:①对比分析基于多条弱导电细丝的模拟型阻变存储器和基于单条强导电细丝的二

值型阻变存储器的数据保持特性物理机理的差异；②在时间维度上分析读
噪声、弛豫效应和数据保持特性的物理过程上的差异；③借助第 2 章提出
的可靠性模拟方法，分析和研究数据保持特性退化的原因。从物理原理的
角度推导模拟型阻变存储器的电流分布与数据保持时间的关系，验证 3.1
节得到的数据保持特性数值模型的正确性。

　　正如 3.1 节提到的，器件电导变化发生在三个阶段：极短时间内随机
噪声带来微小的电阻值波动、较短时间内的阻值弛豫现象，以及数据保持能
力退化，电阻值逐渐偏离初始值。这三个阶段没有明显的时间界限，因此具
有相似的物理机理。为了方便理解，图 3.20 描述了噪声和数据保持特性的
微观机理，同时对比了强导电细丝和多条弱导电细丝中噪声机理的差异。
由图中可知，在单根粗壮导电细丝构成的二值型阻变存储器件中，氧空位只
能在导电细丝的边缘附近跳跃。与之不同的是，在模拟型阻变存储器中，多
根弱导电细丝里的氧空位具有更高的自由度，不同导电细丝中的氧空位可
以向周围的多个晶格跳跃。但是由于能量有限和时间极短，氧空位只能在
相邻的格点跳跃，这也解释了噪声阶段电阻变化量较小且标准差较小的原
因。而在长时间的数据保持特性阶段或者高温加速老化的环境下，氧空位
有更大的概率越过势垒，并且在时间的累积下能够连续跳跃到更远的格点，
进而造成电阻值较大幅度的变化。同时大量的氧空位组成的无定向迁徙，
从宏观上表现为电阻值变大和变小的器件数目相近，因此呈现出正态分布

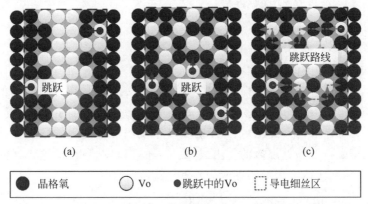

(a)　　　　　　　　　(b)　　　　　　　　　(c)

● 晶格氧　　　○ Vo　　　● 跳跃中的 Vo　　　⬚ 导电细丝区

图 3.20　二值型和模拟型阻变存储器的噪声和数据保持特性退化的
物理机理示意图

（a）具有单根粗壮导电细丝的二值型阻变存储器中噪声；（b）具有多根细弱导电细丝的模拟
型阻变存储器的噪声；（c）具有多根细弱导电细丝的模拟型阻变存储器的数据保持特性

的特征。而对于最高阻态和最低阻态来说,导电细丝的断裂间隔和多根弱导电细丝的氧空位数目或密度都到达一个最低和最高的极限,氧空位获得的有限能量难以使其突破这样的势垒,由此通往更高阻态和更低阻态的路径受阻,整体分布呈现出向单边扩展的现象。

接下来试图从物理角度解释数据保持特性的退化规律。为了理解氧空位位置的变化与器件电导值的关系,2.5 节利用动态蒙特卡洛方法对不同氧空位浓度下改变一个氧空位的位置后的电导分布进行了仿真,经过多次重复仿真发现了电导分布满足正态分布特征,同时结果也证明了在多条弱导电细丝的环境中,氧空位浓度决定了这组电导分布的平均值。因此,可以假设一个氧空位的跳跃引起的电导变化量服从正态分布,即 $\Delta G(t) \sim N(0, \sigma(t))$,一段时间内一个氧空位的跳跃概率 P 可以表示为氧空位跳跃的速率在时间上的积分:

$$P = \nu_0 e^{-\frac{E_a}{kT}} t \qquad (3\text{-}19)$$

式中,E_a 表示氧空位跳跃势垒;T 表示温度;k 是玻尔兹曼常数;ν_0 表示氧空位的振动频率[152];t 表示时间。电导随时间的变化取决于跳跃概率 P 和氧空位的浓度。由前面的分析可知,电流 I 是氧空位浓度 C_{V_O} 的函数,可以表示为:

$$C_{V_O} = aI + b \qquad (3\text{-}20)$$

式中,a 和 b 是无量纲的常数。

当时间极短时,每个氧空位最多可以跳一次,正态分布的标准差与 $P \cdot C_{V_O}$ 成正比,然而当时间拉长后,氧空位可以连续多次跳跃,如图 3.20(c) 所示,这个过程类似于布朗运动。假设这个阶段氧空位跳跃模式可以比拟布朗运动,则标准差可以由式(3-21)表示,即标准差与数据保持时间的平方根呈正比例关系。该结论和 3.1.1 节中提出的数据保持特性模型,即式(3-3),具有相同的函数关系,证明了基于实测数据提出的数据保持特性数值模型是符合物理规律的。由式(3-21)还可以发现,标准差遵循阿列纽斯定律,阿列纽斯定律中的激活能是氧空位跳跃势垒的一半。

$$
\begin{aligned}
\sigma(t) &= \sqrt{P} \cdot C_{V_O} \\
&= \sqrt{\nu_0 e^{-\frac{E_a}{kT}}} \cdot \sqrt{t}\,(aI + b) \\
&= \alpha\sqrt{t} + \delta \qquad (3\text{-}21)
\end{aligned}
$$

为了进一步验证这一结论,本书还对模拟型阻变存储器的数据保持特性进行了蒙特卡洛仿真模拟。图 3.21 是利用可靠性模拟方法,仿真同一个电阻态的多个器件组成的电流分布随着归一化仿真次数的演变情况,这里的仿真次数近似代表实际工作时间。可见,五组电流分布直方图也满足正态分布特征,且均值几乎不变,正态分布的形貌由集中退化为分散,证明了标准差随时间的正相关关系,这和阵列中的测试数据提取的数值模型具有一致的结论。由此,该工作从仿真的角度验证了数值模型可以用来估算模拟型阻变存储器的电流分布变化规律。

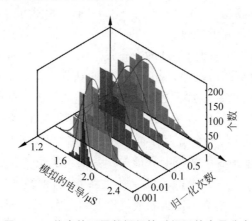

图 3.21　仿真的不同数据保持时间下的电导分布

通过 3.1.3 节的实验数据可以发现,长时间的烘烤后模拟型阻变存储器的较高和较低电导态的电流分布逐渐偏离对称的正态分布,变成非对称的偏态分布。从微观物理的角度理解,在高电导态的器件中,这是因为氧空位在长时间的高温的加持下以更高的概率连续跳跃到更远的晶格,高浓度的氧空位参与到这个过程增加了氧空位形成团簇的比例[153]。团簇提高了跳跃势垒,导致氧空位向各个方向跳跃概率不再相同,进而氧空位跳跃过程不再等同于布朗运动,正态分布特征对较高电导态的电流分布不再适用。对于处于较低电导态的阻变存储器单元来说,在具有较低氧空位浓度的阻变区域中存在较少的导电细丝和许多断裂的导电细丝。根据之前的研究,低电导态的直流扫描曲线满足肖特基发射模型[154],证明了导电细丝间隙的存在。处在较低的电导态的器件的导电细丝间隙足够大,此时在间隙处的氧空位浓度非常低。导电细丝断裂处的极少数氧空位即使脱离导电细丝向间隙处扩散也难以改变当前的电导态,宏观上表现为只有少数器件的电导值向更低的电导态偏移。而由于间隙处极低的氧空位浓度,阻变区域中断裂间隙附近氧空位在浓度梯度驱使下会向间隙跳跃,使导电细丝形成弱连接。当越来越多的氧空位进入间隙时,弱连接会变成强连接,使器件的电导值增加。因此,宏观上阵列上的电导分布呈现出偏态分布特征。

接下来从物理原理出发推导处于较高和较低电导态的器件的数据保持特性物理模型。这里把多条弱导电细丝等效为一条导电细丝分析,模型中的主要变量简化导电细丝的平均间隙。根据电子隧穿导电机制,器件电导值与细丝间隙呈指数关系[107]。电导值 G 可以由式(3-22)表示。式中,L_{gap} 是导电细丝间隙的长度;L_{init} 是导电细丝间隙的初始长度;L_0 和 A 是一个常数;ΔL_{gap} 是间隙长度的变化量。由于氧空位向进入间隙和进入导电细丝的方向跳跃的概率是相等的,由此认为间隙长度的变化量 ΔL_{gap} 满足正态分布,变化量的标准差记为 σ,由式(3-23)表示。已知 ΔL_{gap} 的概率密度分布函数,电导值 G 是 ΔL_{gap} 的函数,因此可以通过数学的方法求解出电导值 G 服从的概率密度分布函数,推导过程如式(3-25)所示。可以发现,该式中概率密度函数与电导值的函数关系和由实验数据得到的数据保持特性模型(式(3-8))中两者的函数关系相同,即数学表达式的形式相同,进而证明了3.1.3节中得到的数值模型和此次物理推导过程的正确性。

$$G = A\exp\left(-\frac{L_{\mathrm{gap}}}{L_0}\right), \quad L_{\mathrm{gap}} = \Delta L_{\mathrm{gap}} + L_{\mathrm{init}} \tag{3-22}$$

$$\Delta L_{\mathrm{gap}} \sim N(0,\sigma(t)) \tag{3-23}$$

$$\frac{\mathrm{d}(\Delta L_{\mathrm{gap}})}{\mathrm{d}G} = -\frac{L_0}{G} \tag{3-24}$$

$$
\begin{aligned}
f(G,t) &= \frac{1}{\sqrt{2\pi}\sigma(t)}\exp\left[-\frac{\Delta L_{\mathrm{gap}}^2}{2\sigma(t)^2}\right]\left|\frac{\mathrm{d}(\Delta L_{\mathrm{gap}})}{\mathrm{d}G}\right| \\
&= \frac{1}{\sqrt{2\pi}\sigma(t)}\exp\left\{-\frac{\left[L_0\ln\left(\frac{G}{A}\right)+L_{\mathrm{init}}\right]^2}{2\sigma(t)^2}\right\}\left|-\frac{L_0}{G}\right| \\
&= \frac{1}{\sqrt{2\pi}\dfrac{\sigma(t)}{L_0}G}\exp\left(-\frac{\left\{\ln(G)-\left[\ln(A)-\dfrac{L_{\mathrm{init}}}{L_0}\right]\right\}^2}{2\left(\dfrac{\sigma(t)}{L_0}\right)^2}\right)
\end{aligned} \tag{3-25}
$$

3.3　数据保持特性对神经网络准确率的影响

根据 2.5 节提出的可靠性影响的量化方法,本节根据 3.1 节的阵列级数据保持特性模型研究了模拟型阻变存储器的数据保持特性退化对神经网络准确率的影响。

3.3.1　面向双层感知机的数据保持退化影响评估

本节采用标准的双层感知机神经网络模型研究模拟型阻变存储器的数据保持特性退化对神经网络的影响,如图 3.22 所示。该网络用于识别 MNIST 数据库的 28 像素×28 像素的手写数字图片,包括 784 个输入神经元、200 个隐层神经元和 10 个输出神经元。在一次推理过程中,每输入一张被测图片,就会得到 10 个神经元的输出值,其中最大的值对应的神经元的数字代表此次推理的手写数字判定结果。

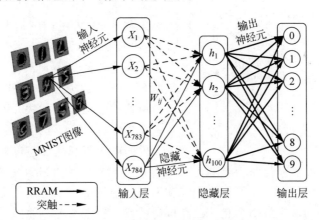

图 3.22　用于识别 MINST 手写数字图片的双层感知机神经网络示意图

模拟型阻变存储器阵列是实现神经网络的硬件载体,每个器件的电导值表示神经网络模型的权重值,执行离线训练任务。通过将 3.1 节中得到的阵列级数据保持特性模型代入该神经网络仿真器中,可以量化数据保持特性退化与识别准确率的影响,结果如图 3.23 所示,在 85℃ 下工作 278h 后神经网络识别准确率损失约为 7%。由于书中建立的数据保持特性模型是综合了大量器件的非理想效应、经过统计分析得到的,模型中电流分布的标准差会导致仿真误差。图中误差棒的长度代表数据保持特性退化模型引入的仿真结果的波动程度,从图 3.23 中可以看出准确率损失的波动值远小于其均值,因此不会对离线训练的准确率评估造成影响。

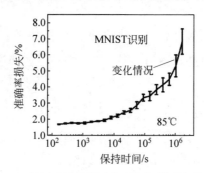

图 3.23　识别准确率损失与数据保持时间的关系

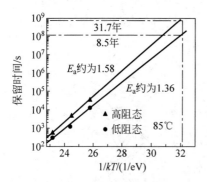

图 3.24　模拟型阻变存储器的激活能

实验中数据保持特性测试均在 125℃ 或更高温度下完成,在这里的 85℃ 下的数据保持时间是利用阿列纽斯方程式(3-26)估算得到的。式中,E_a 代表器件激活能;k 是玻尔兹曼常数;T 是温度;t 是时间;A 是无量纲常数。图 3.24 展示的是利用式(3-27)获取器件激活能的方法。首先自定义一个失效标准,如阵列中超过 20% 的器件的电导值变化量超过初始态电导值的 10% 认定为失效,达到这个失效标准所对应的时间记为失效时间。为了得到器件激活能,需要在三个温度下分别记录同一个失效标准对应的失效时间,即为图中的三个点。三点拟合的直线斜率的绝对值则为器件激活能 E_a。延长直线可以得到不同温度下器件的最长数据保持时间,比如当温度为 $85℃\left(\dfrac{1}{kT}=32.23\right)$ 时,此器件的数据保持时间约为 8.5 年。另外,器件的激活能是与器件阻态相关的参数,因此需要分别计算不同的阻态对应的激活能。通过设计实验可以发现最高阻态和最低阻态的器件具有不同的激活能,但差别较小。为了保守估计不同温度下的数据保持时间,本书选用绝对值较小的器件激活能参与估算。换算方式如式(3-28)所示,它是由两组不同温度和不同时间的式(3-27)相减得到的,已知一组温度和时间,可以估算目标温度下对应的时间。

$$t = A\mathrm{e}^{-\frac{E_{\mathrm{a}}}{kT}} \tag{3-26}$$

$$\ln t = -E_{\mathrm{a}}\frac{1}{kT} + \ln A \tag{3-27}$$

$$\ln\frac{t_1}{t_2} = \frac{E_{\mathrm{a}}}{kT_2} - \frac{E_{\mathrm{a}}}{kT_1} \tag{3-28}$$

就面向神经网络的模拟型阻变存储器来说,通过此方法可以推算实际应用中不同环境温度下的数据保持时间与准确率的对应关系。根据 2.3 节提出的数据保持特性最低需求的确定方法,神经网络离线训练中最长的数据保持时间需要通过合理的准确率来确定。假设以准确率损失不超过 5% 作为合理的准确率,则阻变存储器阵列需要在环境温度为 85℃下每 1.02×10^6s(即每 11.8 天)刷新一次。该优化方法同样适用于存储应用。为了将比特错误率维持在合理的范围内,可以通过退化模型建立比特错误率与数据保持时间的关系,由存储应用允许的比特错误率确定可行的刷新时间间隔执行定时刷新操作,以保证比特错误率满足存储应用需求。由此,面向神经网络的模拟型阻变存储器的数据保持特性最低需求定为:在双层感知机网络执行 MNIST 手写数字图片识别任务的应用场景下,要想维持准确率损失在 5% 以内,85℃下阵列的数据保持时间应不少于 11.8 天。根据最低需求,本书提出了维持存算一体系统离线训练阶段高准确率的优化方法,即采用定期刷新的方式保持离线训练准确率在合理的范围内,以避免准确率损失增加。例如,每 11.8 天(85℃)对模拟型阻变存储器阵列重新映射一次能够保证系统准确率损失不超过 5%。

3.3.2　面向 RESNET-20 的数据保持退化影响评估

3.3.1 节基于单器件的数据保持特性模型研究了数据保持特性退化对小规模的神经网络准确率的影响。然而随着神经网络规模的扩大,数据保持特性退化的危害会随之加剧。3.1.3 节分析了差分式阻变存储器阵列上列电流和随时间的变化是导致神经网络准确率降低的重要因素。本节沿用可靠性影响的量化方法,将差分阵列中列电流和的数据保持特性模型代入残差神经网络(RESNET-20)中,进一步探究数据保持特性退化对大规模神经网络准确率的影响。

RESNET-20 网络包括 19 层卷积层和 1 层全连接层,参数量约为 $0.27 \times 10^{6[17]}$。在该网络中,卷积层、非线性激活函数和池化层(pooling layer)周期性地排列在一起,最后再级联一层全连接层。卷积层用于特征提取,非线性激活函数用于加入非线性因素,池化层可以压缩特征图(feature map)的维度,减小下一层的权重参数规模,全连接层的作用是整合左右卷积层提取的特征信息,输出分类结果。图 3.25 展示了将RESNET-20 神经网络的卷积层和全连接层的权重映射到 2T2R 差分式阻变存储器阵列的过程。全连接的权重阵列是二维的,可以直接映射到相同大小的阻变存储器阵列中。如果权重矩阵过大,通常会被分割成几个小块以适应硬件的尺寸[110, 155]。但是对于卷积层的权重来说,需要将卷积核(kernel)的四维结构(C,K,K,N)展开成二维的权重矩阵($C \times K \times K$,N),再映射到阵列上。在卷积计算时,通过滑窗产生不同的输入子块,将子块展开成向量进行输入,由此将卷积操作转化成矩阵向量乘法操作。经过多次这样的过程,可以完成一次卷积特征提取,然后将输出数据合并后得到下一层特征图。由此,特征图的每个元素值就是列电流和的另一种表现形式。在阻变存储器阵列上进行推理时,测试图像的像素值将被编码为电压幅度或脉冲作为原始输入向量。在不更新权重矩阵的情况下,列电流和的误差在时间和空间上被累积和传递。

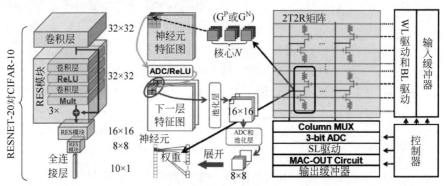

图 3.25　用于对 CIFAR-10 数据集[156]的图像进行分类的 RESNET-20 结构示意图

注:卷积核和全连接层中的权重都映射到差分式模拟型阻变存储器阵列中

　　为了呈现列电流和误差的累积效果,接下来研究不同层的特征图元素值随数据保持时间的变化。图 3.26 表示了在 125℃下随着时间的增加,第一层卷积层的特征图中元素的分布。从初始状态到 500min,值为零的元素数量急剧减少到初始数量的三分之一,并被一些值接近零的元素所取代。图 3.27 展示了最后一个全连接层中对应于 10 个类别的神经元的值,最大值对应的类别即为该网络判断的输入图像的类别。初始态(1min)时网络

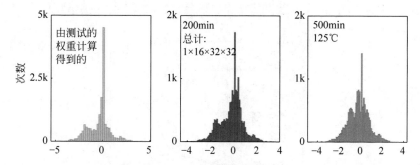

图 3.26　RESNET-20 中第一层卷积层的特征图中元素的分布随数据
保持时间的变化关系

注：从左到右依此是初始态、200min 和 500min

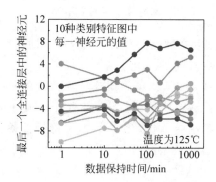

图 3.27　RESNET-20 中全连接层中 10 个神经元的值与数据保持
时间的变化关系（见文前彩图）

认定的输入图像类别为蓝色线对应的类别，在 10min 时，神经元的最大值出现在蓝色和红色上，此时输入图像的类别很难判断；在 1000min 时，在数据保持特性退化的作用下，RESNET-20 网络错误地认定输入图像的类别为红色线对应的类别。由此可见，计算误差是逐层且随时间增加而累积的。基于阵列上测量得到的随数据保持时间退化的列电流和，第一层、中间层、最后一个卷积层和最后一个全连接层的特征图元素的错误率中位数都显示出明显的下降，如图 3.28 所示。错误率是指同一位置元素的当前值与初始值之差再除以初始值的结果。统计中位数是为了屏蔽接近于零的初始值做分母时错误率过高的元素。在误差累积效应下，最后一个卷积层的错误率最大，在 1000min 时接近 90%。结合图 3.28 分析可以发现，相同的时间尺度下，特征图的元素错误率与准确率损失有直接关系，进一步说明了差分单元在多层网络中的误差累积是存算一体系统准确率下降的关键原因。

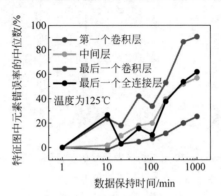

图 3.28   多层特征图中元素错误率的中位数与数据保持
时间的关系（见文前彩图）

为了证明差分阵列中列电流和的数据保持特性模型能够较为准确地刻画准确率随数据保持时间的变化关系，比较了以下三种情况，如图 3.29 所示：①基于在阵列上实测的电导矩阵计算得到的神经网络准确率作为参考准确率；②基于单器件多阻态数据保持模型仿真得到的神经网络准确率；③基于差分阵列中列电流和的数据保持特性模型仿真得到的神经网络准确率。为了增强模型的可信度，仿真均重复了 100 次。通过对比可以发现，通过差分阵列中列电流和的数据保持特性模型得到的神经网络准确率（蓝色箱体），几乎可以涵盖基于实测数据的参考准确率，尤其是

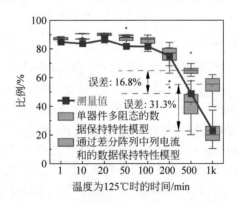

图 3.29   面向 CIFAR-10 分类任务的神经网络准确率与数据保持
时间的关系（见文前彩图）

在 200min 之后,参考准确率均在蓝色箱体所覆盖的范围内。但是由于单器件多阻态的数据保持特性模型(灰色箱体)没有考虑到长尾效应和导电寄生电阻,因此基于该模型的准确率与参考准确率存在明显的差距。尤其是在 500min 和 1000min 时,两个模型的准确度误差差距分别增长到 16.8% 和 31.3%。

基于以上分析可以确定 RESNET-20 神经网络执行 CIFAR-10 分类任务的应用场景对差分阵列的数据保持特性的最低需求:为了保证神经网络准确率损失不超过 5%,125℃下模拟型阻变存储器阵列的数据保持时间应不少于 200min。根据阿列纽斯方程换算,85℃下的数据保持时间应不少于 1.07 天。也就是说,为了保证神经网络准确率损失稳定在 5% 以内,系统需要采用的优化方法是在 85℃下每 1.07 天对模拟型阻变存储器阵列刷新一次。可见,与面向 MNIST 识别任务的双层感知机神经网络相比,该应用场景的离线训练阶段需要的阵列刷新时间间隔明显缩短。

3.4　本章小结

本章采用第 2 章提出的面向神经网络的模拟型阻变存储器的可靠性分析与评估框架,研究和评估了神经网络离线训练时阵列级数据保持特性退化对存算一体系统准确率的影响。本章首先建立了多阻态、多温度场和差分阵列中列电流和这三个维度的阵列级数据保持特性数值模型,搭建了连接器件数据保持特性退化与系统的桥梁。其次,利用可靠性模拟方法,从物理机理的角度分析并解释了阵列级数据保持特性的退化规律,建立的物理模型验证了数值模型的正确性。最后,利用可靠性影响的量化方法,量化了阵列级数据保持特性退化对系统准确率的影响,并确定了特定的神经网络应用对阵列数据保持特性的最低可靠性需求,进一步为长期维持系统的高准确率提供了优化建议。

本章的研究成果为面向神经网络的模拟型阻变器件的数据保持特性影响的评估与数据保持特性最低需求的确定方法提供了指导,多个国内外知名团队在此基础上进行了深入的分析和研究,研究结果如表 3.2 所示。本章工作也验证了第 2 章提出的面向神经网络的从器件到系统的跨层次可靠性分析与评估方法的实用性和有效性。

表 3.2　模拟型阻变器件的数据保持特性部分研究工作

相关工作	年份	器件类型	是否建模、与数据保持时间相关的模型参数	是否分析机理	是否研究数据保持特性对神经网络准确率的影响、网络@任务
本书工作	始于 2017	模拟型 RRAM	是 实测电阻分布的均值、标准差和温度	是	是 MLP@MNIST
P. Huang 等[157]	2018	模拟型 RRAM	是 氧空位浓度	是	是 MLP@MNIST
Y. Xiang 等[158]	2019	模拟型 RRAM	是 氧空位浓度[157]	是	是 11 层 DNN@CIFAR-10
Y. Cai 等[147]	2020	模拟型 RRAM	是 电阻分布的均值、标准差和温度	是	是 CNN@ CIFAR-10
M. Kumar 等[159]	2021	模拟型 RRAM	是 实测电阻分布的均值	否	是 非监督 SNN@MNIST
V. Joshi 等[160]	2020	模拟型 PCM	是 实测电阻分布的均值和标准差	否	是 RESNET@CIFAR-10 和 ImageNet

本章具体工作总结如下：

（1）建立了多阻态的数据保持特性模型。通过在 1T1R 阵列上采用适用于模拟型阻变存储器的双向阻变调制方法，从数据保持特性评估参数出发，建立了多个阻态的电流分布的均值和标准差与数据保持时间、阻态的数值模型。该模型能够准确描述阵列中多个阻态的数据保持特性退化规律，为量化数据保持特性对神经网络准确率的影响提供了工具支持。

（2）建立了多温度场的数据保持特性模型。通过在三个温度下长时间监测中间阻态的电流分布，建立了电流分布标准差与环境温度和数据保持时间的数值模型。该模型进一步完善了模拟型阻变存储器的数据保持特性模型体系建设。

（3）建立了差分阵列的数据保持特性模型。在模拟型阻变存储器阵列实现神经网络时，需要将阵列电路结构调整为差分形态，即 2T2R 阵列。该模型考虑了器件在高温长时间烘烤后较高和较低阻态出现的长尾效应和阵列中导线的寄生电阻，能够准确地反映差分阵列中列电流与数据保持时间的关系。该模型为差分式模拟型阻变存储器实现存内计算提供了更为有效的仿真工具。

（4）提出了模拟型阻变存储器的数据保持特性退化的物理机理解释。从氧空位浓度与电流的关系出发，从物理的角度推导了阵列中电流分布与数据保持时间的物理关系模型，该模型与基于实测数据的多阻态数据保持特性模型具有一致的函数形式。另外，从模拟型阻变存储器的微观形貌出发，解释了长尾效应的产生机制，推导得到的物理模型同样验证了数值模型的正确性。

（5）评估了数据保持特性对神经网络准确率的影响。通过可靠性量化方法，将阵列级数据保持特性模型代入多层感知机神经中，建立了数据保持时间与准确率的关系。据此本书确定了面向 MNIST 识别任务的双层感知机网络的最低数据保持特性需求，即在离线训练时，为了维持准确率损失在5％以内，85℃下对应的数据保持时间应不少于 11.8 天。该数据是根据130nm 工艺节点下 1Kb TiN/ETML/HfO$_x$/TiN 堆叠的模拟型阻变存储器阵列的实验数据计算得到的，具有不同的材料体系等参数的阵列所对应的数据保持时间略有差别。依此标准本书确定了离线训练的优化方案，即每 11.8 天（85℃下）对阵列刷新一次以保证系统准确率稳定在合理范围内。进一步将差分阵列中列电流和模型代入 RESNET-20 神经网络模型后，研究数据保持特性退化对更大规模网络的影响。以基于实测数据计算的准确率为参考值，基于该模型仿真的准确率和基于单器件模型仿真的准确率相比，在 500min 和 1000min 时，前者与参考值的误差比后者的误差分别减小了 16.8％和 31.3％。该模型仿真的准确率与参考值相差不大，证明了模型的有效性。据此确定了此应用场景对阵列数据保持特性的最低需求和优化方案，即 85℃下的阵列应每 1.07 天刷新一次以保证推理准确率损失不高于 5％。

第 4 章　面向神经网络的循环耐久性研究

当前,国内外面向神经网络的模拟型阻变存储器的循环耐久性研究仍较为缺乏。一方面,现有的阻变存储器循环耐久性研究重点在于通过优化器件材料等方式提升二值型器件的耐擦写次数,而对模拟型阻变存储器的多个阻态与器件的循环耐久能力之间的关系尚无研究,对影响模拟型器件循环耐久性的影响因素缺乏认识;另一方面,在基于模拟型阻变存储器的神经网络在线训练中,复杂的计算任务需要频繁地更新器件电导值,逐渐加剧循环耐久性退化。然而,神经网络训练中独特的电导更新方式与传统二值型器件的循环擦写存在显著差异,传统的循环耐久性方法不再适用。在此情境下,器件的循环耐久性退化导致神经网络准确率下降的深层次原因有待挖掘,如何量化循环耐久性退化对神经网络在线训练准确率造成的影响仍缺乏研究。

本章将遵循第 2 章提出的从器件到系统的跨层次可靠性分析与评估方法,从面向神经网络的循环耐久性评估参数出发,研究了循环耐久性与模拟型阻变存储器动态范围的关系。根据提出的小步长增量阻变的表征方法模拟了在线训练中的电导更新过程,创造性地提出了阶段式采样模拟阻变曲线的方法,建立了器件循环耐久性退化与其耦合的非线性和开关比退化的关系模型。通过改进量子点模型,从物理机理的角度解释了循环耐久性退化的原因。借助第 2 章可靠性影响的量化方法,利用循环耐久性耦合模型量化了器件循环耐久性退化对神经网络在线训练准确率的影响,并最终确定了典型神经网络应用场景对模拟型阻变存储器循环耐久性的最低需求。这项工作在器件循环耐久性和神经网络在线训练准确率之间搭建了桥梁,为面向神经网络应用的模拟型阻变存储器的循环耐久性研究提供了指导方法,同时验证了第 2 章提出的面向神经网络的模拟型阻变存储器可靠性分析与评估方法的可行性和有效性。

4.1　循环耐久性行为分析与建模

实现具有在线训练能力的存内计算芯片是国内外诸多团队多年努力的目标。然而随着深度神经网络权重等参数的规模越来越庞大，能够支持的计算任务也越来越复杂，在线训练将需要的权重更新次数也随之增加，这给神经网络硬件系统带来重大挑战：①传统二值型阻变存储器的耐擦写次数不足以满足神经网络在线训练的要求。以一些常见的数据库为例，MNIST和 CIFAR-10 等图像识别类数据库在训练神经网络时大概需要 $10^5 \sim 10^7$ 次权重更新，SNLI(stanford natural language inference)等自然语言识别类数据库所需的权重更新次数约为 10^8 次[161]，而训练诸如强化学习这类更为复杂的神经网络则需要高于 10^8 次权重更新[162]。而目前二值型阻变存储器的耐擦写次数典型值为 10^6 次[163]，显然不能支持绝大多数神经网络应用场景。②应用于神经网络在线训练的器件循环耐久性研究被研究者忽视，循环耐久性退化对神经网络准确率的影响还缺乏研究。大量的研究者从算法角度认识到器件的非线性、开关比和模拟状态数退化是影响在线训练的关键问题，开展了大量的仿真研究[164]。这些研究对于理解神经网络准确率的影响因素很有必要，但是这些非线性等功能可靠性因素退化的原因没有得到深入剖析，人为设计的用于仿真的功能可靠性因素退化也难以与在线训练过程中实际器件的磨损建立联系。一些科学家从器件工艺、结构和新材料出发，致力于优化和改善模拟型器件的线性度[66,165]或设计出大开关比[166-167]的器件。但是，这些研究主要改善了器件磨损之前的功能可靠性，磨损过程中逐渐恶化的循环耐久性问题还没有引起研究者足够的重视。

除此之外，循环耐久性也发生在神经网络离线训练阶段。由于离线训练时，器件数据保持能力退化，为了维持系统的高准确率需要对整个阵列进行定期刷新，多次刷新引发循环耐久性问题。然而模拟型阻变存储器的循环耐久性研究仍较为缺乏，耐擦写次数与器件多阻态的关系还不明确。为了解决这些问题，本节面向以上两个神经网络应用场景，分别研究了离线训练阶段耐擦写次数与动态范围的关系，以及在线训练阶段器件循环耐久性的退化过程与非线性、开关比的关系，为进一步研究器件循环耐久性对神经网络的影响奠定基础。

4.1.1 耐擦写次数与动态范围的关系

首先探究模拟型阻变存储器动态范围对器件耐擦写次数的影响。模拟型阻变存储器由于具有多个连续可调的阻态,每两个阻态构成一个动态范围,由此理论上器件具有多个动态范围。耐擦写次数指的是器件在特定的动态范围下能够承受的 SET 和 RESET 的最大次数,一次 SET 和一次 RESET 的组合被记为一次循环次数。为了保持一组实验中器件的动态范围固定不变,采用 4.2 节介绍的适用于多阻态的动态范围可调的循环阻变调制方法,通过实时调整电压幅值,将器件循环的高低电阻局限在设定的动态范围的上下边界允许的误差范围内,避免器件循环过程中出现开关比骤升和骤降的现象。图 4.1 展示的是三种典型的动态范围对应的耐擦写次数。蓝色三角形标识的两条线是一组动态范围的高阻边界和低阻边界,也是本书中模拟型阻变存储器的最大动态范围,即为全窗口(full window);红色方形标识的一组动态范围的高阻边界和低阻边界处于该器件的较高阻态范围,即为高阻窗口(high-R window);黑色圆形标识的一组动态范围因为高阻边界和低阻边界都处在较低的阻态范围,即为低阻窗口(low-R window)。高阻窗口和低阻窗口的动态范围开关比均约为 10。值得注意的是,用于分界的中间阻态的选取是不固定的,一般根据器件的实际情况调整。这里的 $100\text{k}\Omega$ 是本书中的模拟型阻变存储器循环擦写时较为稳定的中间阻态。

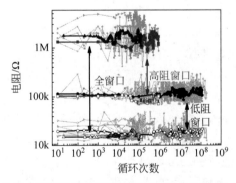

图 4.1　三种典型的动态范围和耐擦写次数的关系(见文前彩图)

对比图 4.1 中三组动态范围的耐擦写次数可知,动态范围处于全窗口的器件可提供的耐擦写次数最少,约为 10^5 次;而动态范围处于低阻窗口的器件可提供的耐擦写次数最多,超过 10^8 次;动态范围处于高阻窗口的器件可提供的耐擦写次数居中,约为 10^6 次。这说明耐擦写次数和动态范围所在的阻变区域密切相关。与全窗口和高阻窗口相比,器件工作在低阻区域内具有明显的循环耐久性优势。

在基于模拟型阻变存储器阵列的权重映射的过程中有三种情况:①器件电阻值循环阻变的起始值是 Forming 后的最低阻态,随后根据目标权重的大小被编程至其他多个阻态,这种情况下动态范围的上边界遍布器件的全窗口。②当器件电阻随着数据保持时间增加而偏离初始值造成系统推理准确率低于合理的准确率后,阻变存储器阵列需要重新映射,映射前的起始电阻值遍布器件的全窗口。③当需要改变目标权重矩阵重新映射时,和第二阶段的权重映射相似,映射前的起始电阻值和最终目标值构成多种动态范围。

为了研究上述情况中的循环耐久性问题,也为了进一步研究耐擦写次数与多种动态范围的高低边界的关系,本书采用固定动态范围的上/下边界、改变另一个边界的方式设计对比实验开展研究。通过固定动态范围的高阻边界为最高电阻态 $2M\Omega$,将低阻边界从 $100k\Omega$ 降低至 $60k\Omega$、$40k\Omega$ 和 $20k\Omega$,动态范围的开关比由 20 提升至 100,如图 4.2 所示。可以发现,耐擦写次数从 10^6 减少到 10^5 次,这说明耐擦写次数与动态范围开关比呈负相关关系。接下来将低阻边界固定在低阻窗口的最低电阻态 $20k\Omega$,将高阻边界从 $100k\Omega$ 提升至 $200k\Omega$、$400k\Omega$ 和 $2M\Omega$,动态范围的开关比由 5 提升至 100,如图 4.3 所示。通过对比可以发现,耐擦写次数从 10^9 骤降到 10^5 次,说明了对于相同的低阻边界,动态范围开关比更小的器件具有更多的耐擦写次数,并且降低动态范围的高阻边界能够显著提升器件的耐擦写能力,

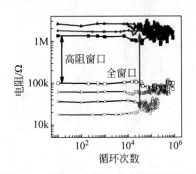

图 4.2　耐擦写次数与动态范围的关系
注:固定动态范围的高阻边界为最高阻态,
　　改变低阻边界

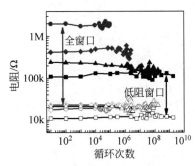

图 4.3　耐擦写次数与动态范围的关系
注:固定动态范围的低阻边界为器件最低阻态,
　　改变高阻边界

此时动态范围的开关比降低的倍数在耐擦写次数上得到指数级放大。单从耐擦写次数的角度看,循环阻变的电阻差值越小越有利于缓解器件的循环耐久性退化。然而,当循环擦写的高低阻态均在低阻区域时,如图 4.4 所示,耐擦写次数与动态范围的开关比的相关性变弱,在低阻区域循环的器件表现出较为一致的耐擦写次数。最后统计了动态范围所在阻态窗口与耐擦写次数的关系,如图 4.5 所示,可见工作在高阻区域和全窗口的器件的耐擦写次数波动性较强,耐擦写次数较少。而工作在低阻区域的器件的耐擦写次数波动性较低且耐擦写次数最高,均在 10^8 次左右,进一步印证了在低阻窗口循环阻变的器件更耐磨损,循环耐久能力更强。

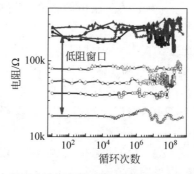

图 4.4　在低阻窗口下器件耐擦写次数与动态范围的关系

注:固定动态范围的高阻边界为最高阻态,改变低阻边界

　　上文讨论了多种动态范围与耐擦写次数的关系,接下来研究动态范围与失效阻态的关系。图 4.6 统计了多种动态范围的循环耐久性失效位置。

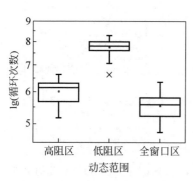

**图 4.5　耐擦写次数与动态范围
关系的统计图**

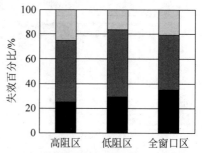

**图 4.6　器件循环耐久性失效
位置统计图**

可见，器件失效的位置并不一致，随机出现在高阻边界、低阻边界和中间阻态。器件在低阻边界失效是因为多次循环擦写后器件会发生不可逆的击穿。器件在中间阻态失效是因为器件难以在 SET 和 RESET 电压交替激励下保持擦写能力，导致动态范围高低边界重合。而对于在高阻边界失效的器件，考虑到器件在 Forming 之前就是高阻态，本书提出了二次 Forming 的方法强制器件回到初始状态，如图 4.7 所示。经过二次 Forming，器件动态范围几乎不变，并且器件的耐擦写次数增加了 600 万次，最终在低阻边界失效。但是此阶段的循环擦写电压比失效前的操作电压均提高了 0.3～0.5V，说明器件的初次失效给器件内部的氧空位分布和导电细丝形貌造成影响，这部分将在 4.2 节详细讨论。

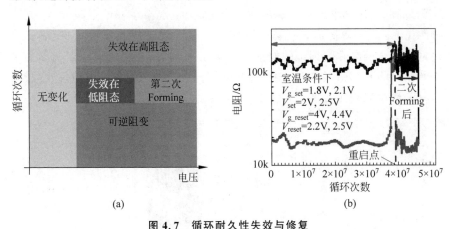

(a)　　　　　　　　　　　　　　(b)

图 4.7　循环耐久性失效与修复

（a）循环耐久性失效示意图；（b）器件失效在动态范围中的高阻后，经过二次
Forming 后耐擦写次数增加。

4.1.2　循环耐久性退化对非线性的影响

和神经网络离线训练阶段相比，在线训练阶段的权重更新对器件的循环耐久性提出更高的要求，如训练图像识别类数据集 ImageNet 需要 1000 万次权重更新次数。值得注意的是，这里的权重更新次数不同于 4.1.1 节提到的在较大的动态范围下循环的耐擦写次数。在线训练阶段的阻变存储器在执行权重更新操作时的电导变化量和存储器循环擦写时电导变化量并不相同，后者是在强脉冲激励下一次实现了电导切换，而前者则是根据随机梯度下降算法用弱电压脉冲调整器件电导值。这种权重更新操作反映在阻变存储器上的电导变化过程被定义为小步长增量阻变过程（incremental switching),电导变化的次数被称为小步长增量阻变次数,以此作为衡量模拟型阻变存储器执行神经网络在线训练任务时的循环耐久性关键评估参数。

利用 2.3 节提出的小步长增量阻变表征方法模仿模拟型阻变存储器做神经网络权重时的权重更新过程。实际的权重更新前后的电导值遍布器件的整个动态范围,在多次网络迭代直至收敛的过程中不同的权重单元都会呈现出独一无二的权重更新路径,因此难以在表征时无差别地模仿所有权重的更新过程。这些权重更新的共同特点是每一步权重改变都是由弱脉冲引起的,因此权重更新值也较小。本书的实验就是利用该相同点,用低幅值窄脉宽的弱脉冲操作阻变存储器以研究其小步长增量阻变能力。如图 4.8 所示,弱脉冲操作下的器件能够提供超过 10^{11} 次小步长增量阻变,远高于训练 ImageNet 等图像识别类数据库所需要的权重更新次数,因此能够满足部分神经网络在线训练的权重更新需求。值得一提的是,10^{11} 次循环是受测试时间和测试系统存储容量的限制得到的结果,假设不考虑这些限制,器件的增量阻变次数将大于这个值。

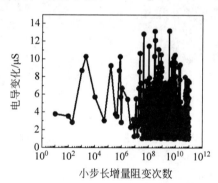

图 4.8　小步长增量阻变过程中电导变化量随阻变次数变化

图 4.9 展示了器件在经历了 10^{11} 次小步长增量阻变前后器件的直流扫描曲线 SET 过程的对比图。黑色线是器件初始态的直流扫描曲线,在 0.15V 处器件阻变前后的电流比值接近 100。红色线是 10^{11} 次小步长增量阻变后的直流扫描曲线,直流扫描电压的栅电压和漏电压比初始态分别高出 0.15V 和 0.45V。此时的器件仍具有阻变能力,但是器件开关比明显减小。在 0.15V 处器件阻变前后的电流比值接近 3。

虽然在高达 10^{11} 次小步长增量阻变后器件没有失效,但是器件的直流扫描曲线证明了器件的阻变能力明显退化。为了直观地展示器件因为多次

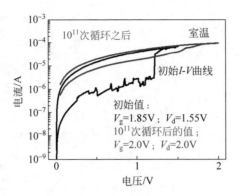

图 4.9　器件经历了小步长增量阻变 10^{11} 次前后的 I-V 曲线（见文前彩图）

循环造成的损伤,本书提出了阶段式采样模拟阻变曲线的方法,即在图 4.8 的长周期小步长增量阻变中阶段式提取器件在初始态、10^6 次、10^7 次、10^8 次和 10^9 次小步长增量阻变后的模拟阻变曲线。这些模拟阻变曲线反映了器件的非线性、对称性、开关比和模拟状态数等功能可靠性因素的退化过程,如图 4.10 所示。通过对比可以发现,在 10^7 次小步长增量阻变后,器件的开关比明显减小,在 10^8 次小步长增量阻变后,器件的非线性度和对称性明显变差,模拟状态数明显减少。

　　图 4.11 统计了多组类似于图 4.10 的模拟阻变曲线中一个脉冲引起的电导变化值 ΔG 的统计分布。这里的横坐标电导态为脉冲激励前一时刻的电导态,为了图片简洁仅对几个关键电导态的电导变化量进行统计。图 4.11(a)是模拟阻变曲线的左半边 SET 过程,图 4.11(b)是右半边的 RESET 过程。从图中可以发现,在 10^7 次小步长增量阻变之前,不同阻态的电导变化值 ΔG 几乎相同,不同器件的电导变化量伴随着一定的波动性。在 10^7 次小步长增量阻变之后,SET 阶段较低电导态和 RESET 阶段的较高电导态的电导变化量随着小步长增量阻变次数的增加而增加且电导变化量的误差棒越来越长,说明此时模拟阻变曲线的非线性变差且非线性的波动性同步变差。

　　值得注意的是,电导态对应的电导变化量变化对于神经网络在线训练极其重要。神经网络训练的目标就是获得一组使损失函数最小的权重矩阵。为了快速获得这个权重矩阵,常用随机梯度下降法,即将权重沿着梯度的反方向进行调整。权重一次调整的大小在物理层面上就是阵列中器件电导的变化量。理想情况下,阵列上所有器件的所有电导态在不同的时刻不

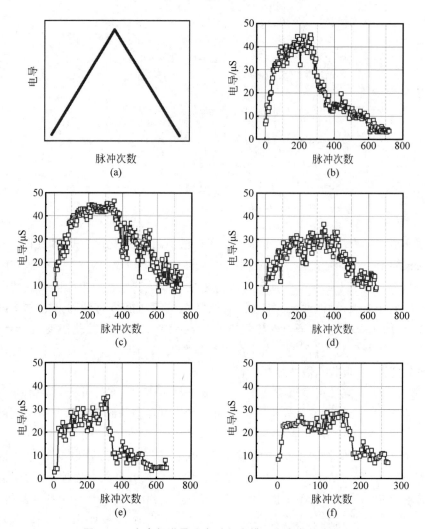

图 4.10　小步长增量阻变过程中模拟阻变曲线变化

(a) 理想模拟阻变曲线；(b) 器件初始状态的模拟阻变曲线；(c) 器件在小步长增量阻变 10^6 次后的模拟阻变曲线；(d) 器件在小步长增量阻变 10^7 次后的模拟阻变曲线；(e) 器件在小步长增量阻变 10^8 次后的模拟阻变曲线；(f) 器件在小步长增量阻变 10^9 次后的模拟阻变曲线

同的循环中的电导变化量都是相同的，权重的调整遵从软件上的调整进度，此时系统训练效率最高。一旦电导变化量是随电导态变化、也随着小步长增量阻变次数改变的，权重实际的改变量也会和算法期望的改变量大不相同，可能会出现在最佳值附近反复振荡难以收敛的现象。同时可以发现，器

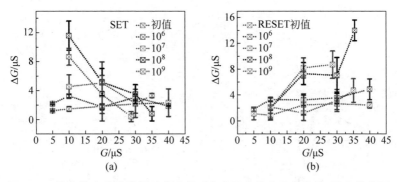

图 4.11　特定的小步长增量阻变次数后各个阻态的电导变化量（见文前彩图）

(a) SET 过程；(b) RESET 过程

件的最小电导改变量均出现在 SET 的最大电导态和 RESET 的最小电导态附近，这就导致器件难以在梯度的调控下达到一个中间电导态，这给权重调整带来了额外的时间开销。另外，一个脉冲引发的较大的电导变化量必然会吞噬模拟状态数，换言之，电导的最大/最小值是确定的，电导变化量越大那么可变的电导数越少，即模拟状态数降低，如图 4.10 所示。由此，电导变化量过大不利于神经网络的收敛效率。综上所述，模拟型阻变存储器模仿权重更新的过程中，循环耐久性退化会对器件造成不可逆的损伤。即使神经网络仍可以被训练，权重更新的复杂度也会增加，收敛效率也会被迫受损。

为了量化器件在小步长增量阻变后非线性的退化，第 2 章介绍了非线性度的量化公式对特定小步长增量阻变次数后模拟阻变曲线进行拟合，求解了小步长增量阻变过程中的模拟阻变曲线的非线性度，由此得到了非线性度与小步长增量阻变次数的关系，如图 4.12 所示。初始态的 SET 和 RESET 阶段的非线性度均小于 2，随着小步长增量阻变次数的增加，SET 的非线性度较为敏感并迅速恶化，RESET 的非线性度在 10^8 次前具有较高的鲁棒性，在 10^8 次后快速增加到达峰值。这些结果将用于量化器件的循环耐久性退化对神经网络的影响。

4.1.3　循环耐久性退化对开关比的影响

图 4.13 反映的是多次重复图 4.8 的实验后统计的器件开关比分布与小步长增量阻变次数的关系。这里的开关比和循环擦写时动态范围的开关比不同，指的是模拟阻变曲线中最高和最低电导值的比值。从图中可以看出，在相同的操作条件下，随着小步长增量阻变次数增加，开关比在 10^6 和

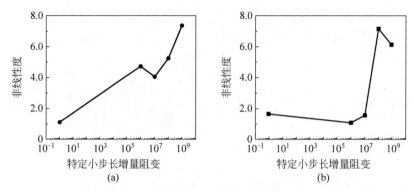

图 4.12　特定小步长增量阻变次数后模拟阻变曲线的非线性度变化

(a) SET 过程；(b) RESET 过程

10^7 处表现出较强的波动性，在 10^9 次阻变后趋于集中。此时的开关比和图 4.9 中 10^{11} 次小步长增量阻变后的开关比几乎一致，说明其达到了一个稳定的下限。

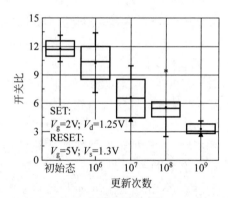

图 4.13　特定的小步长增量阻变次数后器件的开关比的统计分布

　　结合图 4.8 中的实测的模拟阻变曲线来看，在实际的模拟型阻变存储器阵列中，开关比和非线性退化是同时出现相互耦合的，且现有的文献中的仿真没有考虑到这一点[168-169]。本书根据实际的电导变化数据并结合其他功能可靠性因素的退化，认为开关比退化对神经网络训练的影响有两点原因：①开关比下降导致了较高和较低电导态处电导变化量小于初始态。当电导变化量和电导本征的波动量相当时，受到波动性影响的一次电导更新将与算法期望的电导更新量不符，进而影响网络收敛效率和准确率。②开关比降低导致模拟状态数减少，影响权重精度，进而影响收敛效率。

4.2　循环耐久性的物理机理研究

二值型的循环耐久性物理机理分析与建模研究由来已久。二值型阻变存储器的循环耐久性失效分布在高阻态和低阻态，失效原因主要来源于操作电压、氧离子和氧空位、缺陷等方面。具体来说，从操作电压角度来看，器件失效前的 SET 电压过大，导致器件在低阻态失效和 RESET 电压过大导致器件在高阻态失效。从氧空位和氧离子角度来看，Y. Chen 等[170]认为氧空位迁移率降低导致 SET 失败，器件在高阻态失效。B. Chen 等[105,171]认为多次循环后阻变区域中可能产生过量的氧空位，此时氧离子浓度很低几乎耗尽，器件在低阻态失效。另外，在 Forming 和 SET 阶段，电极上会形成界面电极氧化层。该氧化层会阻挡氧离子和氧空位的正常迁移，导致器件循环阻变的高阻和低阻向中间阻态汇聚，使器件电阻值停留在某个中间阻态。A. Grossi 等[121]认为器件的波动性也是引起循环耐久性暂时性失效的原因，可以通过编程来修复。此外，D. Robayo 等[172]认为循环耐久性失效与缺陷的形成有关，多次循环擦写后会导致缺陷在导电细丝的关键路径上累积，氧空位和氧离子都无法在缺陷晶格上迁移，这条导电细丝最终因此成为不可阻变的(non-switching filament)，导致器件循环耐久性失效。

本书率先研究了模拟型阻变存储器的多阻态循环耐久性物理机理。与二值阻变存储器的循环耐久性机理不同，模拟型阻变存储器涉及多个中间阻态与高阻态和低阻态之间的循环阻变过程，如图 4.14 所示。初期，模拟型阻变存储器内部具有多条弱的导电细丝。在大量的循环阻变后，导电细丝的形貌出现规律性的切换，但是由于阻变区域内缺陷的存在，一旦少量的氧空位位置偏离常规位置就可能引起连环反应，导致器件失效。当循环中有一侧是高阻时，导电细丝的断裂区较大，电场强度在该区域最强，导电细丝断裂处的氧空位在电场下的迁移可能脱离导电细丝主体，也能吸引断裂区附近的氧空位填补断裂区。在这种情况下，导电细丝形貌和周围氧空位浓度的变化是剧烈的，且极易形成正反馈关系，进而导致氧空位浓度过高、多条弱导电细丝合并成一根粗壮的导电细丝的情况，也容易出现导电细丝断裂区扩大，器件最终在高阻态失效的情况。这种电场作用下的正反馈使得在高阻区和全窗口区工作的器件耐循环次数最少。

当循环中有一侧是低阻和中间阻态、器件阻值低于 $500\mathrm{k}\Omega$ 时，根据如图 4.15 所示的 I-V 曲线的拟合结果，此时器件内部没有肖特基势垒，即导

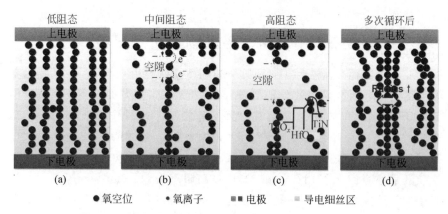

图 4.14　循环耐久性退化的物理机理示意图（见文前彩图）

电细丝还没有一个公共的断裂区域，各处的电场强度近乎均匀，氧空位移动的距离也保持恒定，容易实现较多的耐擦写次数。在小步长增量阻变的过程中，弱电压脉冲在阻变区域形成的较小的电场强度，氧空位分布的整体迁移也不如前几种情况剧烈，由此可以表现出更多的小步长增量阻变次数。但是不难想象，氧空位迁移发生碰撞概率是随着阻变次数累积的，由此多根弱导电细丝的形貌会逐渐转化成图 4.14(d) 的形貌。此时，导电细丝变粗，氧空位浓度变大，导致非线性和动态范围变差。

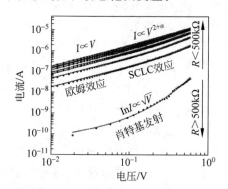

图 4.15　不同阻态下的 I-V 曲线拟合结果

　　循环耐久性的物理模型也是研究的重点。典型的二值型阻变存储器的循环耐久性模型有描述循环阻变过程中氧空位消耗概率的机理模型[105]、描述循环擦写 10^5 次后的器件电阻值的统计分布模型[121]、描述高阻和低阻分布均值、标准差和失效于高低阻的错误率与耐擦写次数的关系模型[121]、描述 SET/RESET 操作电压和操作条件与器件的耐擦写次数之间的数值关系统计模型和解释实验数据的基于缺陷随循环次数产生的机理分析模型[172]等。

和二值型循环耐久性研究不同,本书中模拟型阻变存储器的循环耐久性研究重点在于当器件电导作为神经网络的权重执行在线训练时,电导更新次数对器件电学特性的一系列影响以及对计算系统的影响。根据 4.1 节的研究,可以通过采用小步长增量阻变模拟权重更新,阶段式提取特定的小步长增量阻变次数后的模拟阻变曲线,该曲线能够反映电导更新次数对器件的非线性和开关比的损伤。为了刻画模拟型阻变存储器的循环耐久性的退化行为,本书提出了循环耐久性模型描述模拟阻变曲线与小步长增量阻变次数的关系。通过对模拟型阻变存储器阻变机理的分析,借鉴课题组之前的工作引入量子点接触(quantum point contact,QPC)模型[173-174]来描述器件的模拟阻变曲线,如式(4-1)所示。

$$I = \frac{2e}{h}N_{CF}\left[eV + \frac{1}{\alpha}\ln\left(\frac{1 + \exp(\alpha(E_h - \beta eV))}{1 + \exp(\alpha(E_h + (1 - \beta)eV))}\right)\right] \quad (4\text{-}1)$$

式中,I 和 V 是流过阻变存储器的电流和施加在器件上的电压;N_{CF} 表示导电细丝的条数;E_h 表示与阻变介质层相关的势垒高度;α 是一个与势垒的宽度相关的参数,在这里与导电细丝断裂间隙有关;β 表示阻变存储器一侧电压变化的比例;e 是电子电荷量;h 为普朗克常量。在量子点模型的基础上,式(4-1)增加了描述循环耐久性的阻变次数参量 n_{up},将阻变次数与导电细丝的条数 N_{CF} 和导电细丝断裂间隙相关量 α 建立联系,如下式所示。式(4-2)和式(4-3)用于描述 SET 过程,式(4-4)用于描述 RESET 过程。

$$\frac{d\alpha}{dn_{up}} = \gamma_{\alpha1}(S_1 - \alpha)^3 \quad (4\text{-}2)$$

$$\frac{dN_{CF}}{dn_{up}} = \gamma_{\alpha2}(S_1 - N_{CF}) \quad (4\text{-}3)$$

$$\frac{d\alpha}{dn_{up}} = \gamma_{\alpha3}(S_2 - \alpha) \quad (4\text{-}4)$$

式中,S_1 表示 SET 阶段的目标电流;S_2 表示 RESET 阶段的目标电流;$\gamma_{\alpha1}$、$\gamma_{\alpha2}$ 和 $\gamma_{\alpha3}$ 表示参数 α 的生长率。

通过上述循环耐久性物理模型,可以得到不同阻变次数后的模拟阻变曲线,如图 4.16 所示。对比模型与实验数据可以发现,上述模型可以较为准确地刻画器件非线性与开关比在循环特定次数后的退化效果,并与实验数据几乎一致。由此,该模型可以作为模拟型阻变存储器循环耐久性退化的仿真工具。

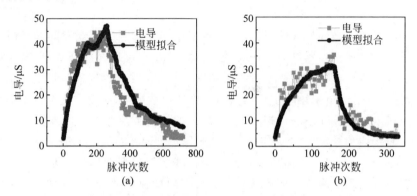

图 4.16　模拟型阻变存储器循环耐久性模型与实验数据的拟合效果

（a）初始态器件的模拟阻变曲线与模型拟合的曲线；（b）10^8 次小步长增量
阻变后器件的模拟阻变曲线与模型拟合的曲线

4.3　循环耐久性对神经网络准确率的影响

　　循环耐久性对神经网络准确率的影响体现在离线训练时的多次权重映射和在线训练中的权重更新两个阶段。第 3 章讨论了器件电导的数据保持特性退化对准确率的重要影响,神经网络离线训练时需要定时对阻变存储器的电导值进行多次刷新。然而大量的刷新操作会引发器件的循环耐久性问题。根据第 3 章的结论,以双层感知机网络执行 MNIST 图片识别任务为例,假设合理的识别准确率损失应不超过 5%,基于多阻态数据保持特性模型估算,工作在 85℃ 下的阻变存储器阵列需要每 11.8 天刷新一次。考虑到神经网络权重矩阵映射到阻变存储器阵列的时间远小于刷新时间间隔,因此忽略权重映射到阵列上的时间开销,十年之内需要对阻变存储器阵列刷新约 309 次。假设完成一次权重映射器件需要消耗 20 次循环擦写次数,考虑最坏情况即每次循环都在高阻区或全窗口,则十年的重复映射消耗的循环擦写次数约为 6180 次,小于器件的最低耐擦写次数(10^5 次),器件几乎不会出现失效问题。由此可见,在离线训练阶段,如果仅考虑定期刷新操作消耗的耐擦写次数,十年之内器件循环耐久性退化对离线训练时硬件系统性能几乎不构成影响。但是如果考虑多次更换神经网络模型中的权重参数并需要对阵列进行额外映射的情况,还需要根据更换权重矩阵的频次评估器件循环耐久性对神经网络系统性能的影响。

接下来,本节将着重研究模拟型阻变存储器作为权重参与神经网络在线训练时,循环耐久性对神经网络准确率的影响。根据提出的可靠性影响的量化方法,将循环耐久性退化耦合的开关比和非线性的退化的关系模型代入双层感知机神经网络中,评估准确率损失与小步长增量阻变次数的关系,如图 4.17 所示。当保持非线性为初始值、仅考虑开关比退化时,在小步长增量阻变次数为 10^6 次时准确率几乎不下降,随着小步长增量阻变次数增加,准确率损失也逐渐增加,最后在 10^9 次时准确率损失约为 6%;当保持开关比为初始值、仅考虑非线性退化时,准确率损失在 10^7 次前接近零,10^7 次后迅速增加,在 10^9 次时准确率损失接近 15%;同时考虑这两个因素的退化后,神经网络准确率损失比前面两种情况的准确率损失都严重,在 10^6 次更新后就出现了约为 2% 的准确率损失,随后准确率损失以更高的速率在 10^9 次小步长增量阻变次数后超过 15%,最大值接近 20%。对比这三种情况证明,实际器件中不同功能可靠性因素不是相互独立的而是相互耦合的,仿真中仅考虑一种可靠性退化得到的准确率损失和实际情况存在较大的差异,因此评估可靠性退化的影响需要建立在实际器件真实的可靠性退化行为之上。另外,通过本次分析,也可以厘清循环耐久性和非线性、开关比等功能可靠性以及系统准确率三者的关系。非线性和开关比等功能可靠性退化是导致神经网络在线训练准确率下降的直接原因,而这些功能可靠性退化是由循环耐久性退化耦合产生的。换言之,循环耐久性是通过影响功能可靠性进而影响了系统准确率,因此循环耐久性退化是导致神经网络

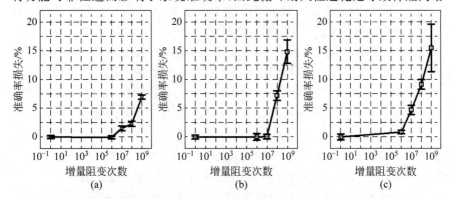

图 4.17　模拟型阻变存储器循环耐久性退化对神经网络准确率的影响

(a)固定非线性度为初始值,只考虑开关比退化的影响;(b)固定开关比为初始值,
只考虑非线性退化的影响;(c)同时考虑开关比和非线性的退化的影响

在线训练准确率下降的主要原因或者说是背后的原因。

　　另外,基于循环耐久性影响的量化结果,可以确定面向 MNIST 手写数字图片识别任务的双层感知机网络在线训练时对模拟型器件的循环耐久性的最低需求:同样采用准确率损失不超过 5% 作为判定依据,该应用场景下模拟型阻变存储器的小步长增量阻变次数应不低于 10^7 次。在这种情况下,即使器件的循环耐久能力足够强,其小步长增量阻变次数能够达到 10^{11} 次以上,循环耐久性耦合产生的非线性和开关比等功能可靠性依然会在中途疲软,进而导致在线训练后的准确率损失达到和超过临界值 5%。从这个角度看,在神经网络应用中,未来的器件在循环耐久性优化工作应该着眼于减缓循环耐久性耦合的功能可靠性的退化速度,而不是仅优化器件初始状态的功能可靠性性能指标。

　　国际上研究者为了缓解器件循环耐久性退化对神经网络的影响做了大量的工作,优化方法主要分为以下几类:①通过掺杂等方式改善器件材料和结构,提升器件的循环耐久能力[175-176];②通过软硬件协同设计减少阻变存储器阵列上的训练迭代次数[177];③在阻变存储器阵列上仅存储权重,在 SRAM 上进行推理和训练,通过减少阻变存储器上的循环擦写次数减缓器件的循环耐久性退化[121]。第一种方式能够从根本上改善器件性能;第二种方式通过减少器件电导更新次数推迟了循环耐久性退化和失效时间,是降低循环耐久性影响和延长硬件系统寿命的绝佳方式;而第三种方式是采用近存计算的方式,没有利用阻变存储器擅长矩阵向量乘法的优势,以牺牲面积和成本为代价换取了较长的系统寿命。

　　本书从耐擦写次数与动态范围的关系出发,提出了一种优化方法。从 4.1 节的实验数据可知,不同的动态范围下器件表现出较大差别的耐擦写次数,动态范围的开关比越小,耐擦写次数越高。并且在同样的动态范围开关比下,处于低阻窗口的器件比处于高阻窗口的器件表现出更高的耐擦写次数,这对于训练阶段的小步长增量阻变过程同样适用。因此,通过在训练中的权重更新时加入校验机制,如果判断出权重更新后将超出某个限定的范围,则放弃该权重的本次更新。据此方法可以使大部分电导更新在器件耐擦写次数较高的动态范围中完成,进而减缓准确率下降的速度。图 4.18 展示了在器件经历了相同的循环耐久性磨损后,将电导更新限制在不同的动态范围内对应的训练准确率损失的程度。可见,在相同的开关比下,与低阻区动态范围相比,在高阻区动态范围内更新电导对应的神经网络训练准确率损失更大。由此,为了缓解循环耐久性对训练准确率的损伤,电导的更新范围可以通过算法限制在耐擦写次数更高的低阻区。

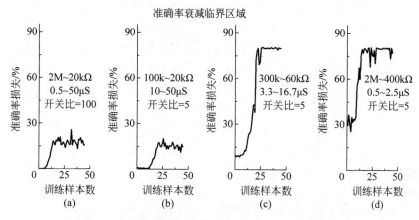

图 4.18　电导更新的动态范围和训练准确率损失的关系

　　为了衡量模拟型阻变存储器在神经网络应用中的循环耐久性能力是否达标,2.3 节定义了两个评估参数:一次训练所需要的累积电导变化量和器件的循环耐久能力可以提供的累积电导变化量。接下来通过实际场景进行验证。由图 4.19 可知,用于识别 MNIST 数据集图片的神经网络在一次完整训练中,一个器件的电导改变量累积和的均值在 254mS,即 TAG 约为 254mS。通过小步长增量阻变测试结果,可以确定器件可以提供累积电导变化量 EAG 大约为 6kS。由此证明本书中的模拟型阻变存储器可以满足超过两万次在线训练的权重更新要求,如图 4.20 所示。另外,由前述讨论可知,随着小步长增量阻变次数的增加,神经网络的训练准确率会逐渐下降。考虑到准确率损失不超过 5% 的评估基准,此时该器件能够支持的在

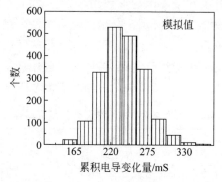

图 4.19　一次神经网络训练中累积电导变化量的分布

线训练次数将大幅减少,约为 133 次。在实际应用时,该方法可以评估不同的在线训练准确率需求下器件可以提供的在线训练次数。

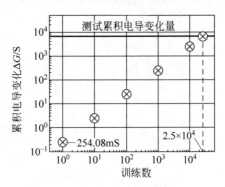

图 4.20　测试的器件累积电导变化量与仿真的累积电导

4.4　本章小结

国际上鲜有面向神经网络的模拟型阻变存储器的循环耐久性研究。表 4.1 归纳总结了近几年阻变存储器循环耐久性的典型工作与本章工作的对比。本书工作的难点和挑战在于在神经网络应用中,模拟型阻变存储器在实现在线训练的电导更新方式与存储应用中器件的循环擦写方式具有显著差异,而现有的循环耐久性研究方法多面向传统存储应用中的二值型阻变存储器,难以用于研究和评估面向神经网络应用的模拟型阻变存储器的循环耐久性。为了解决这个问题,本章根据第 2 章提出的从器件到系统的跨层次可靠性分析与评估方法,确定了循环耐久性与其相关的评估参数的关系,建立了面向神经网络应用的循环耐久性模型。从物理的角度解释了循环耐久性退化规律的微观机理。利用循环耐久性模型量化了循环耐久性对神经网络准确率的影响,分析了循环耐久性导致神经网络准确率损失的原因,提出了优化方法。最后确定了特定神经网络应用场景对模拟型阻变存储器循环耐久性的最低需求,完成了面向神经网络的循环耐久性评估任务。

表 4.1　阻变存储器的循环耐久性研究工作对比

相关工作	器件类型	影响因素	循环耐久性退化的物理机理	循环耐久性模型	影响神经网络的阶段和原因
Y. Chen 等 [170,178]	二值型	操作电压	氧空位迁移率退化	无	—

续表

相关工作	器件类型	影响因素	循环耐久性退化的物理机理	循环耐久性模型	影响神经网络的阶段和原因
B. Chen 等[105,171]	二值型	操作电压	氧空位过量、氧离子耗尽、形成界面氧化层	物理机理模型	—
C. Lammie 等[122]	二值型	操作电压	缺陷堆积	描述电阻值随循环次数的变化行为	推理耐擦写次数不足
A. Grossi 等[121]	二值型	操作电压	波动性导致随机失效	描述特定循环擦写次数后器件电阻的统计分布	推理耐擦写次数不足
D. Robayo 等[172]	二值型	操作电压	缺陷堆积	描述电压与耐擦写次数的模型和物理模型	—
本书工作	模拟型	动态范围	多条弱导电细丝形貌变化	描述非线性和开关比与小步长增量阻变次数的数值模型和物理模型	推理和训练循环耐久性耦合的非线性度与开关比退化

具体工作总结如下：

（1）分析了耐擦写次数与模拟型阻变存储器动态范围的关系和循环耐久性对神经网络离线训练的影响。通过实验证明了较小的动态范围有利于提升器件的耐擦写次数，降低动态范围的高阻边界更易提高器件的耐擦写次数，并且工作在低阻窗口的器件具有最高的循环耐久能力。基于循环耐久性实验结果，可以得到在离线训练阶段，如果仅考虑缓解数据保持特性退化的定期刷新操作消耗的耐擦写次数，十年之内器件的循环耐久性退化对硬件系统性能几乎不构成影响。

（2）证明了循环耐久性退化是器件非线性、开关比退化的直接原因。采用小步长增量阻变方法在器件上模拟了在线训练中权重更新过程，器件可以实现超过 10^{11} 次小步长增量阻变，比传统二值存储的耐擦写次数典型值高出 5 个数量级，证明了器件能够满足在线训练需求。提出了阶段式采样模拟阻变曲线的方法，发现了循环耐久性退化的耦合效应，即循环耐久性退化会导致器件的非线性度和开关比降低，由此建立了小步长增量阻变次数与模拟型器件的非线性度和开关比的数值关系模型。

（3）解释并分析了模拟型阻变存储器的循环耐久性退化的物理机理。

通过改进量子点模型,建立了描述模拟阻变曲线与小步长增量阻变次数的关系模型,并得到了实验数据的验证。该模型为仿真循环耐久性退化提供了工具支持。

(4)评估了模拟型阻变存储器循环耐久性对神经网络在线训练准确率的影响。通过将包含了非线性度和开关比退化的循环耐久性模型代入双层感知机网络中,量化了循环耐久性退化对在线训练准确率的影响,证明了循环耐久性退化的耦合效应是导致在线训练准确率下降的直接原因。

(5)确定了特定神经网络应用场景对循环耐久性最低需求:采用 5% 的准确率损失作为判定依据,在面向 MNIST 图片识别任务的双层感知机网络在线训练场景下,模拟型阻变存储器的小步长增量阻变次数应不低于 10^7 次。此时该器件可以支持的在线训练次数为 133 次。从动态范围与耐擦写次数的角度提出了优化方法,即通过优化算法,使大部分电导更新在器件耐擦写次数较高的动态范围中完成,进而减缓准确率下降的速度。

第 5 章　总结与展望

5.1　全书工作总结

　　神经网络技术的革新助力人工智能领域不断发展和壮大,成为新一代信息技术革命的有力推动者。在疫情防控期间,智能识别、机器人和应急调动平台等人工智能技术极大地提高了效率并降低了疫情扩散风险,在一些领域甚至达到超越人类极限的效能。然而,这些复杂任务的实现对硬件系统的算力和带宽提出了更高的需求。传统的基于冯·诺依曼架构的神经网络加速芯片受限于存储和计算物理分离,频繁的数据搬移对带宽造成压力,也进一步制约了算力的提升。基于模拟型阻变存储器的存算一体系统是一种存算融合的新型计算范式,利用欧姆定律和基尔霍夫定律,在存储模拟量的同时能够原位完成矩阵向量乘法计算,极大减少了不必要的数据搬移,缓解了存储墙问题,成为实现高性能神经网络加速器最有前景的解决方案之一。

　　然而,硬件单元的可靠性问题是影响存算一体系统准确率的关键因素。现有的可靠性研究多是面向存储应用,而面向神经网络应用的工作较为匮乏,仍存在重大挑战。一方面,不同于传统存储应用对可靠性退化较高的容忍度,神经网络应用中系统准确率对器件可靠性退化引起的电导变化更为敏感,神经网络应用中器件可靠性退化的影响尚待澄清;另一方面,神经网络训练中电导的更新方式与存储应用中循环擦写方式不同,现有的表征方法难以适用于神经网络中可靠性研究。针对以上挑战,本书开展了如下三个方面的研究工作:

　　(1) 面向神经网络的模拟型阻变存储器的可靠性分析与评估方法:本书以神经网络应用的可靠性需求和面临的可靠性挑战为出发点,构建了从器件到系统的跨层次可靠性分析与评估框架。研究框架涵盖了六个层次:①对比神经网络应用与存储应用的器件可靠性差异,明确了影响神经网络系统性能的可靠性问题;②明确了面向神经网络的可靠性评估参数和可靠性需求的评估方法;③设计并提出了面向神经网络可靠性评估参数的可靠性表征方法;④基于表征方法设计实验进行可靠性建模与退化规律分析;⑤开发了可靠性模拟方法辅助分析可靠性退化规律的物理机理;⑥建立了可靠性影响的量化方法。该研究框架为构建兼备实际器件可靠性退化的神经网络仿真器提供了可行的研究方案。其中,面向模拟型阻变存储器的循环耐久性表征方法的测试效率显著提升了 700 余倍,该方法已被国际测试测量和监测设备行业龙头 Tektronix 公司采纳并开发成设备标准测试模块,并已推广商用。

(2) 面向神经网络的模拟型阻变存储器的数据保持特性研究:本书利用双向阻态调制的表征方法,建立了阵列级的多阻态、多温度和多阵列形态的数据保持特性模型。借助可靠性模拟方法,解释并分析了阵列级数据保持特性退化规律的物理机理,并建立了物理模型。通过将数据保持特性退化模型代入神经网络仿真器中,达到了量化与评估数据保持特性退化对神经网络影响的目的。同时,根据实测数据确定了特定应用场景在离线训练阶段对数据保持特性的最低需求,并据此提出了优化方法。

(3) 面向神经网络的模拟型阻变存储器的循环耐久性研究:首先建立了耐擦写次数与动态范围的关系,分析了离线训练时循环耐久性对神经网络系统的影响。接下来,提出小步长增量阻变的方法,在模拟型阻变存储器上模拟了神经网络在线训练时的权重更新过程。提出了阶段式采样模拟阻变曲线的方法,建立了循环耐久性与器件非线性度和开关比的关系模型。从物理角度分析了循环耐久性退化的微观机理,建立了描述模拟阻变曲线与小步长增量阻变次数的模型。基于以上模型,最终量化了循环耐久性退化对神经网络准确率的影响。进一步确定了特定应用场景在线训练对循环耐久性的最低需求,并提出了优化方法。

5.2　本书工作主要创新点

针对神经网络应用,本书在模拟型阻变存储器的可靠性研究方面取得的创新成果包括:

(1) 本书从神经网络应用需求出发,建立了从器件到系统的跨层次可靠性分析与评估框架,在框架中提出了面向神经网络的可靠性的评估方法、表征方法、和可靠性影响的量化方法,为多方位评估模拟型阻变存储器的可靠性退化对系统准确率的影响提供了方法指导。其中,本书提出的循环耐久性的表征方法可显著提升测试效率 700 倍以上，为模拟型阻变存储器的循环耐久性的高效率表征和评估创造了条件。

（2）围绕模拟型阻变存储器的数据保持特性，针对缺乏保持退化模型的问题，利用提出的双向电导调制方法，从统计的角度建立了多阻态、多温度场和多阵列形态的阵列级数据保持特性退化模型，搭建了连接数据保持特性退化和系统计算准确率的桥梁。通过将模型代入双层感知机网络模型中，量化了数据保持特性退化对准确率的影响。由此确定了特定神经网络应用场景对数据保持特性的最低需求，并提出了通过定期刷新维持高准确率的优化方法。

（3）针对现有的循环耐久性表征方法难以模拟在线训练时权重更新的问题，提出了小步长增量阻变方法，器件得以表现出 10^{11} 次电导更新次数，比传统的二值型阻变存储器的耐擦写次数典型值高出 5 个数量级，器件能够满足在线训练的需求。进一步通过阶段式采样模拟阻变曲线，建立了循环耐久性退化与其耦合的非线性度和开关比退化的关系模型，量化了循环耐久性退化对神经网络准确率的影响，证明了循环耐久性的耦合效应是导致系统性能损失的直接原因。

本书提出的循环耐久性表征方法被监测设备行业龙头企业 Tektronix 公司采纳并开发成标准测试模块，已推广商用。本书的研究工作验证了面向神经网络的多层次可靠性评估方法的有效性与实用性，为实现高可靠性的神经网络加速芯片奠定了基础。

5.3　下一步研究工作的展望

下面结合全书的研究内容，对面向神经网络的模拟型阻变存储器可靠性研究提出以下两点展望：

（1）本书提出了面向神经网络的模拟型阻变存储器的循环耐久性研究，并发现了循环耐久性导致计算性能退化的原因来自耦合的非线性与开关比退化。然而，受限于表征平台等实验条件的限制，没有开展阵列级的关于循环耐久性耦合效应的深入探索。未来可以搭建高速高并行度的大阵列测试系统，根据本书创建的面向计算应用的可靠性研究方法，从统计的角度设计实验，在阻变存储器阵列上分别模仿不同类型的神经网络模型和不同算法下的权重更新形态，实现不同场景下循环耐久性的可靠性耦合效应的完整分析和建模，最终建立完备的循环耐久性模型用于神经网络系统性能评估和仿真。另外,循环耐久性退化后器件数据保持特性的变化行为也需要进一步探索。

（2）本书中的模拟型阻变存储器都是基于 130nm 的工艺制造的大尺寸器件,为了进一步提高基于阻变存储器阵列的神经网络系统的算力,接下来的优化方向必然要采用先进的制造工艺节点,致力于开发基于大规模高密度阻变存储器阵列的商用神经网络加速芯片。成熟的产品设计需要标准的仿真工具做前锋。其挑战来自于以下几个方面:①建立兼备多种关键可靠性行为特征的阻变存储器元件模型,并纳入到商用的标准电子设计自动化(electronic design automation,EDA)元件库中,实现多种应用场景下器件与电路协同仿真与功能验证;②特征尺寸的缩小不可避免地会导致单位长度的导电电阻增加,阵列规模的扩大叠加寄生效应将进一步加重电压降和漏电通路问题,这些阵列级可靠性问题引起的电压分布不均匀会导致器件编程失败,重复编程等补偿技术[179]又会引发循环耐久性等问题,连环产生的可靠性问题是仿真器设计的难点与重点;③建立器件—电路—算法多层次的仿真工具,依靠仿真结果,搜索并定位影响计算系统性能的关键器件和关键路径,进一步给出优化指导。本书的工作研究了面向神经网络的模拟型阻变存储器的可靠性,其目的就是服务于这样一套层次的仿真验证平台。针对以上挑战,亟需开展后续研究。

参 考 文 献

[1] SEVILLA J, HEIM L, HO A, et al. Compute trends across three eras of machine learning[J]. arXiv e-prints, p. arXiv: 2202. 05924, 2022.

[2] DARPA, AI Next Campaign[EB/OL]. https://www. darpa. mil/work-with-us/ai-next-campaign

[3] MENNEL L, SYMONOWICZ J, WACHTER S, et al. Ultrafast machine vision with 2D material neural network image sensors[J]. Nature, 2020, 579(7797): 62-66.

[4] LIU Z, TANG J, GAO B, et al. Neural signal analysis with memristor arrays towards high-efficiency brain-machine interfaces [J]. Nature Communications, 2020, 11(1): 4234.

[5] JOHN R. A, TIWARI N, PATDILLAH M. I. B, et al. Self healable neuromorphic memtransistor elements for decentralized sensory signal processing in robotics[J]. Nature Communications, 2020, 11(1): 4030.

[6] FENG S, YAN X, SUN H, et al. Intelligent driving intelligence test for autonomous vehicles with naturalistic and adversarial environmentt [J]. Nature Communications, 2021, 12(1): 748.

[7] MIRHOSEINI A, GOLDIE A, YAZGAN M, et al. A graph placement methodology for fast chip design[J]. Nature, 2021, 594(7862): 207-212.

[8] DEAN J. The deep learning revolution and its implications for computer architecture and chip design [C]//Proceedings of the 2020 IEEE International Solid-State Circuits Conference (ISSCC), 2020: 8-14.

[9] RAVURI S, LENC K, WILLSON M, et al. Skilful precipitation nowcasting using deep generative models of radar[J]. Nature, 2021, 597(7878): 672-677.

[10] HOHENBERG P, KOHN W. Inhomogeneous electron gas[J]. Physical Review, 1964, 136(3B): B864.

[11] COHEN A. J, MORI-SáNCHEZ P, YANG W. Insights into current limitations of density functional theory[J]. Science, 2008, 321(5890): 792-794.

[12] KIRKPATRICK J, MCMORROW B, TURBAN D. H. P, et al. Pushing the frontiers of density functionals by solving the fractional electron problem[J]. Science, 2021, 374(6573): 1385-1389.

[13] RUCK D. W, ROGERS S. K, KABRISKY M. Feature selection using a multilayer

perceptron[J]. Journal of Neural Network Computing,1990,2(2): 40-48.

[14] WANG J. Analysis and design of a recurrent neural network for linear programming[J]. IEEE Transactions on Circuits and Systems I: Fundamental Theory and Applications, 1993,40(9): 613-618

[15] LAWRENCE S,GILES C. L,AH CHUNG T,et al. Face recognition: a convolutional neural-network approach[J]. IEEE Transactions on Neural Networks, 1997, 8 (1): 98-113.

[16] LIU Z,LIN Y,CAO Y,et al. Swin transformer: Hierarchical vision transformer using shifted windows[C]//Proceedings of the IEEE/CVF International Conference on Computer Vision,2021: 10012-10022.

[17] HE K,ZHANG X,REN S,et al. Deep residual learning for image recognition[C]// Proceedings of the IEEE Conference on Computer Vision and Pattern Recognition (CVPR),2016: 770-778.

[18] RUDER S. An overview of gradient descent optimization algorithms[J]. arXiv preprint arXiv:1609. 04747,2016.

[19] TUAN T. A,HASSNER T, MASI I,et al. Regressing robust and discriminative 3D morphable models with a very deep neural network[C]//Proceedings of the IEEE conference on computer vision and pattern recognition,2017: 5163-5172.

[20] BROWN T,MANN B,RYDER N,et al. Language models are few-shot learners[J]. Advances in neural information processing systems,2020,33: 1877-1901.

[21] ZHUANG F,QI Z,DUAN K,et al. A comprehensive survey on transfer learning[C]// Proceedings of the IEEE,2020,109(1): 43-76.

[22] BALDUZZI D,FREAN M,LEARY L,et al. The shattered gradients problem: If resnets are the answer,then what is the question? [C]//Proceedings of the International Conference on Machine Learning,2017: 342-350.

[23] HAN S, MAO H, DALLY W. J. Deep compression: Compressing deep neural networks with pruning, trained quantization and huffman coding [J]. arXiv preprint arXiv:1510. 00149,2015.

[24] COURBARIAUX M,HUBARA I,SOUDRY D,et al. Binarized neural networks: Training deep neural networks with weights and activations constrained to + 1 or-1[J]. arXiv preprint arXiv:1602. 02830,2016.

[25] ZHUANG B,TAN M,LIU J,et al. Effective Training of Convolutional Neural Networks with Low-bitwidth Weights and Activations[J]. IEEE Transactions on Pattern Analysis and Machine Intelligence,2021: 1-1.

[26] NARAYANAN D,HARLAP A,PHANISHAYEE A,et al. PipeDream: Generalized pipeline parallelism for DNN training[C]//Proceedings of the 27th ACM Symposium on Operating Systems Principles,2019: 1-15.

[27] JOUPPI N. P,YOUNG C,PATIL N,et al. In-datacenter performance analysis of

a tensor processing unit [C]//Proceedings of the 44th annual international symposium on computer architecture,2017：1-12.

[28] CHEN Y,LUO T,LIU S,et al. DaDianNao：A machine-learning supercomputer [C]//Proceedings of the 47th Annual IEEE/ACM International Symposium on Microarchitecture,2014：609-622.

[29] LUO T,LIU S,LI L,et al. DaDianNao：A neural network supercomputer[J]. IEEE Transactions on Computers,2017,66(1)：73-88.

[30] DU Z,FASTHUBER R,CHEN T,et al. ShiDianNao：Shifting vision processing closer to the senso [C]//Proceedings of the 42nd Annual International Symposium on Computer Architecture,2015：92-104.

[31] YIN S,OUYANG P, ZHENG S, et al. A 141UW,2. 46 pJ/Neuron binarized convolutional neural network based self-learning speech recognition processor in 28 nm CMOS[C]//Proceedings of the 2018 IEEE Symposium on VLSI Circuits, 2018：139-140.

[32] YIN S,OUYANG P, TANG S,et al. A 1. 06-to-5. 09 TOPS/W reconfigurable hybrid-neural-network processor for deep learning applicationss[C]//Proceedings of the 2017 Symposium on VLSI Circuits,2017：C26-C27.

[33] CHEN Y-H,KRISHNA T,EMER J,et al. Eyeriss：An energy-efficient reconfigurable accelerator for deep convolutional neural networks[C]//Proceedings of the 2016 IEEE International Solid-State Circuits Conference (ISSCC),2016：262-263.

[34] CHEN Y-H,EMER J, and SZE V. Eyeriss：A spatial architecture for energy-efficient dataflow for convolutional neural networks [J]. SIGARCH Comput. Archit. News,2016,44(3)：367-379.

[35] SALAHUDDIN S,NI K,DATTA S. The era of hyper-scaling in electronics[J]. Nature Electronics,2018,1(8)：442-450.

[36] HOROWITZ M. Computing's energy problem (and what we can do about it) [C]//Proceedings of the 2014 IEEE International Solid-State Circuits Conference Digest of Technical Papers (ISSCC),2014：10-14.

[37] HAN S,POOL J, TRAN J,et al. Learning both weights and connections for efficient neural network[J]. Advances in neural information processing systems, 2015,28.

[38] WULF W. A, MCKEE S. A. Hitting the memory wall：Implications of the obvious[J]. ACM SIGARCH Computer Architecture News,1995,23(1)：20-24.

[39] WALDROP M M. The chips are down for Moore's law[J]. Nature News,2016, 530(7589)：144.

[40] IELMINI D, WONG H S. P. In-memory computing with resistive switching devicess[J]. Nature Electronics,2018,1(6)：333-343.

[41] ZIDAN M. A, STRACHAN J. P, LU W D. The future of electronics based on

memristive systems[J]. Nature Electronics,2018,1(1): 22-29.

[42] HENNESSY J. L. and PATTERSON D. A. A new golden age for computer architecture[J]. Communications of the ACM,2019,62(2): 48-60.

[43] LIU L,LIN J,QU Z, et al. ENMC: Extreme near-memory classification via approximate screening [C]//Proceedings of the 54th Annual IEEE/ACM International Symposium on Microarchitecture: Association for Computing Machinery,2021,pp. 1309-1322.

[44] GUO J,BERTALAN G,MEIERHOFER D,et al. Brain maturation is associated with increasing tissue stiffness and decreasing tissue fluidity[J]. Acta Biomaterialia,2019, 99: 433-442.

[45] LI N,DAIE K,SVOBODA K,et al. Robust neuronal dynamics in premotor cortex during motor planning[J]. Nature,2016,532(7600): 459-464.

[46] SI X,CHEN J J, TU Y N, et al. A Twin-8T sRAM computation-in-memory macro for multiple-bit CNN-based machine learning[C]//Proceedings of the 2019 IEEE International Solid- State Circuits Conference - (ISSCC),2019: 396-398.

[47] KHWA W S,CHEN J J,LI J F, et al. A 65nm 4Kb algorithm-dependent computing-in-memory SRAM unit-macro with 2. 3ns and 55. 8 TOPS/W fully parallel product-sum operation for binary DNN edge processors[C]//Proceedings of the 2018 IEEE International Solid-State Circuits Conference (ISSCC),2018: 496-498.

[48] YIN S,JIANG Z, SEO J, et al. XNOR-SRAM: In-memory computing SRAM macro for binary/ternary deep neural networks[J]. IEEE Journal of Solid-State Circuits,2020,55(6): 1733-1743.

[49] KIM M,LIU M,EVERSON L,et al. A 3D NAND flash ready 8-bit convolutional neural network core demonstrated in a standard logic process[C]//Proceedings of the 2019 IEEE International Electron Devices Meeting (IEDM), 2019: 38. 3. 1-38. 3. 4.

[50] ZHANG D,WANG H,FENG Y,et al. Implementation of image compression by using high-precision in-memory computing scheme based on NOR flash memory [J]. IEEE Electron Device Letters,2021,42(11): 1603-1606.

[51] ZHANG Y,ZENG S,ZHU Z,et al. A 40nm 1Mb 35. 6 TOPS/W MLC NOR-flash based computation-in-memory structure for machine learning [C]// Proceedings of the 2021 IEEE International Symposium on Circuits and Systems (ISCAS),2021: 1-5.

[52] JUNG S,LEE H,MYUNG S,et al. A crossbar array of magnetoresistive memory devices for in-memory computing[J]. Nature,2022,601(7892): 211-216.

[53] PAN Y,OUYANG P,ZHAO Y, et al. A multilevel cell STT-MRAM-based computing in-memory accelerator for binary convolutional neural network[J].

IEEE Transactions on Magnetics,2018,54(11):1-5.

[54] LUO Y,PENG X,HATCHER R,et al. A variation robust inference engine based on STT-MRAM with parallel read-out[C]//Proceedings of the 2020 IEEE International Symposium on Circuits and Systems (ISCAS),2020:1-5.

[55] XU M,MAI X,LIN J,et al. Recent advances on neuromorphic devices based on chalcogenide phase-change material[J]. Advanced Functional Materials, 2020, 30(50):2003419.

[56] KANEKO Y, NISHITANI Y, UEDA M. Ferroelectric artificial synapses for recognition of a multishaded image[J]. IEEE Transactions on Electron Devices, 2014,61(8):2827-2833.

[57] MIKOLAJICK T,SCHROEDER U,SLESAZECK S. The past,the present,and the future of ferroelectric memories[J]. IEEE Transactions on Electron Devices, 2020,67(4):1434-1443.

[58] XUE F,HE X,WANG Z,et al. Giant ferroelectric resistance switching controlled by a modulatory terminal for low-power neuromorphic in-memory computing[J]. Advanced Materials,2021,33(21):2008709.

[59] LI J,GE C,DU J,et al. Reproducible ultrathin ferroelectric domain switching for high-performance neuromorphic computing [J]. Advanced Materials, 2020, 32(7):1905764.

[60] LI C,MüLLER F,ALI T,et al. A scalable design of multi-bit ferroelectric content addressable memory for data-centric computing[C]//Proceedings of the 2020 IEEE International Electron Devices Meeting (IEDM),2020:29.3.1-29.3.4

[61] YOON J H,CHANG M,KHWA W S,et al. A 40-nm,64-Kb,56.67 TOPS/W voltage-sensing computing-in-memory/digital rram macro supporting iterative write with verification and online read-disturb detection[J]. IEEE Journal of Solid-State Circuits,2022,57(1):68-79.

[62] PEDRETTI G,GRAVES C. E,SEREBRYAKOV S,et al. Tree-based machine learning performed in-memory with memristive analog CAM[J]. Nature Communications,2021, 12(1):5806.

[63] GIORDANO M,PRABHU K,KOUL K,et al. CHIMERA:A 0.92 TOPS,2.2 TOPS/W Edge AIi accelerator with 2 mbyte on-chip foundry resistive ram for efficient training and inference[C]//Proceedings of the 2021 Symposium on VLSI Circuits,2021:1-2.

[64] ZAHOOR F,ZULKIFLI T Z. A, KHANDAY F A. Resistive random access memory (RRAM):an overview of materials,switching mechanism,performance, multilevel cell (mlc) storage,modeling,and applications[J]. Nanoscale Research Letters,2020,15(1):90.

[65] HICKMOTT T W. Low-frequency negative resistance in thin anodic oxide films

[J]. Journal of Applied Physics,1962,33(9): 2669-2682.

[66] MOON K, KWAK M, PARK J, et al. Improved conductance linearity and conductance ratio of 1T2R synapse device for neuromorphic systems[J]. IEEE Electron Device Letters,2017,38(8): 1023-1026.

[67] LASHKARE S, SARASWAT V, GANGULY U. Understanding the region of resistance change in $Pr_{0.7}Ca_{0.3}MnO_3$ RRAM [J]. ACS Applied Electronic Materials,2020,2(7): 2026-2031.

[68] PANWAR N, GANGULY U. Temperature effects in SET/RESET voltage-time dilemma in $Pr_{0.7}CaO_{0.3}MnO_3$-based RRAM[J]. IEEE Transactions on Electron Devices,2019,66(1): 829-832.

[69] BANERJEE W, HWANG H. Understanding of selector-less 1S1R type cu-based cbram devices by controlling sub-quantum filament[J]. Advanced Electronic Materials,2020,6(9): 2000488.

[70] KWAK M, CHOI W, HEO S, et al. Excellent pattern recognition accuracy of neural networks using hybrid synapses and complementary training[J]. IEEE Electron Device Letters,2021,42(4): 609-612.

[71] HSU C-L, SALEEM A, SINGH A, et al. Enhanced linearity in cbram synapse by post oxide deposition annealing for neuromorphic computing applications[J]. IEEE Transactions on Electron Devices,2021,68(11): 5578-5584.

[72] YU S, LEE B, WONG H S P. Metal Oxide Resistive Switching Memory[J]. Functional Metal Oxide Nanostructures. New York, NY: Springer New York, 2012, pp. 303-335.

[73] LV H, XU X, YUAN P, et al. BEOL based RRAM with one extra-mask for low cost, highly reliable embedded application in 28nm node and beyond [C]// Proceedings of the 2017 IEEE International Electron Devices Meeting (IEDM), 2017: 2.4.1-2.4.4.

[74] PADOVANI A, LARCHER L, PIRROTTA O, et al. Microscopic modeling of HfO_x rram operations: from forming to switching[J]. IEEE Transactions on Electron Devices,2015,62(6): 1998-2006.

[75] WONG H. S. P, LEE H. Y, YU S, et al. Metal-oxide RRAM[C]// Proceedings of the IEEE,2012,100(6): 1951-1970.

[76] MAGEE J C, GRIENBERGER C. Synaptic plasticity forms and functions[J]. Annual review of neuroscience,2020,43: 95-117.

[77] HUMEAU Y, CHOQUET D. The next generation of approaches to investigate the link between synaptic plasticity and learning[J]. Nature neuroscience,2019, 22(10): 1536-1543.

[78] BOTTOU L. Large-scale machine learning with stochastic gradient descent[C]// Proceedings of COMPSTAT'2010,2010: 177-186.

[79]　HSU K-C,TSENG H-W. GPTPU: Accelerating applications using edge tensor processing units[J]. arXiv preprint arXiv:2107. 05473,2021.

[80]　ZHANG W,GAO B,TANG J,et al. Neuro-inspired computing chips[J]. Nature Electronics,2020,3(7): 371-382.

[81]　LECUN Y,BENGIO Y, HINTON G. Deep learning[J]. Nature,2015,521(7553): 436-444.

[82]　LIU Q,GAO B,YAO P,et al. A fully integrated analog reram based 78. 4 TOPS/W compute-in-memory chip with fully parallel mac computing[C]//Proceedings of the 2020 IEEE International Solid-State Circuits Conference (ISSCC),2020: 500-502.

[83]　AMBROGIO S,NARAYANAN P, TSAI H, et al. Equivalent-accuracy accelerated neural-network training using analogue memory[J]. Nature,2018,558(7708): 60-67.

[84]　HUANGFU W,XIA L,CHENG M,et al. Computation-oriented fault-tolerance schemes for RRAM computing systems[C]//Proceedings of the 2017 22nd Asia and South Pacific Design Automation Conference (ASP-DAC),2017: 794-799.

[85]　PREZIOSO M,MERRIKH-BAYAT F,HOSKINS B. D,et al. Training and operation of an integrated neuromorphic network based on metal-oxide memristors[J]. Nature 2015,521(7550): 61-64.

[86]　YAO P,WU H,GAO B,et al. Fully hardware-implemented memristor convolutional neural network[J]. Nature,2020,577(7792): 641-646.

[87]　YAO P,WU H,GAO B,et al. Face classification using electronic synapses[J]. Nat Commun,2017,8: 15199.

[88]　WANG Z,LI C,SONG W,et al. Reinforcement learning with analogue memristor arrays[J]. Nature Electronics,2019,2(3): 115-124.

[89]　XUE C-X,CHIU Y-C,LIU T-W,et al. A CMOS-integrated compute-in-memory macro based on resistive random-access memory for AI edge devices[J]. Nature Electronics,2021,4(1): 81-90.

[90]　HUNG J-M,XUE C-X,KAO H-Y,et al. A four-megabit compute-in-memory macro with eight-bit precision based on CMOS and resistive random-access memory for AI edge devices[J]. Nature Electronics,2021,4(12): 921-930.

[91]　CHOI Y,KARPINSKYY B,AHN K. M,et al. Physically unclonable function in 28nm fdsoi technology achieving high reliability for aec-q 100 grade 1 and iso 26262 asil-b[C]//Proceedings of the 2020 IEEE International Solid-State Circuits Conference (ISSCC),2020: 426-428.

[92]　CHEN Y. Y,KOMURA M,DEGRAEVE R,et al. Improvement of data retention in HfO_2/Hf 1T1R RRAM cell under low operating current[C]//Proceedings of the IEEE International Electron Devices Meeting,2013: 10. 1. 1-10. 1. 4.

[93]　HUANG X,WU H,SEKAR D C,et al. Optimization of $TiN/TaO_x/HfO_2/TiN$ RRAM arrays for improved switching and data retention[C]//Proceedings of the

IEEE International Memory Workshop 2015：1-4.

[94]　RADHAKRISHNAN J,BELMONTE A,CLIMA S,et al. Improving post-cycling low resistance state retention in resistive ram with combined oxygen vacancy and copper filament[J]. IEEE Electron Device Letters,2019,40(7)：1072-1075.

[95]　MYOUNG-JAE L,BUM L. C,DONGSOO L,et al. A fast,high-endurance and scalable non-volatile memory device made from asymmetric $Ta_2O_{(5-x)}/TaO_{(2-x)}$ bilayer structures[J]. Nature Materials,2011,10(8)：625-630.

[96]　PANDA D,CHU C A,PRADHAN A,et al. Synaptic behaviour of TiO_x/HfO_2 RRAM enhanced by inserting ultrathin Al_2O_3 layer for neuromorphic computing [J]. Semiconductor Science and Technology,2021,36(4)：045002.

[97]　SRIDHAR C,FIRMAN S,SAMINATHAN R，et al. Improving linearity by introducing Al in HfO_2 as memristor synapse device[J]. Nanotechnology,2019,30(44)：445205.

[98]　KIM S,CHOI S,LU W. Comprehensive physical model of dynamic resistive switching in an oxide memristor[J]. ACS Nano,2014,8(3)：2369-2376.

[99]　WOO J,MOON K,SONG J,et al. Improved synaptic behavior under identical pulses using AlO_x/HfO_2 bilayer RRAM array for neuromorphic systems[J]. IEEE Electron Device Letters,2016,37(8)：994-997.

[100]　KIM G. H,JU H,YANG M. K,et al. Four-bits-per-cell operation in an HfO_2-based resistive switching device[J]. Small,2017,13(40)：1701781.

[101]　LE B. Q,GROSSI A,VIANELLO E,et al. Resistive RAM with multiple bits per cell：Array-level demonstration of 3 bits per cel[J]. IEEE Transactions on Electron Devices,2018,66(1)：641-646.

[102]　PRAKASH A,PARK J,SONG J,et al. Demonstration of low power 3-bit multilevel cell characteristics in a TaO_x-based RRAM by stack engineering[J]. IEEE Electron Device Letters,2014,36(1)：32-34.

[103]　LE B. Q,LEVY A,WU T. F,et al. RADAR：A fast and energy-efficient programming technique for multiple bits-per-cell RRAM arrays [J]. IEEE Journal of the Electron Devices Society,2019,7：740-747.

[104]　PéREZ E,ZAMBELLI C,MAHADEVAIAH M. K,et al. Toward reliable multi-level operation in RRAM arrays：Improving post-algorithm stability and assessing endurance/data retention[J]. IEEE Journal of the Electron Devices Society,2019,7：740-747.

[105]　CHEN B,LU Y,GAO B,et al. Physical mechanisms of endurance degradation in TMO-RRAM[C]//Proceedings of the 2011 International Electron Devices Meeting,2011：12. 3. 1-12. 3. 4.

[106]　WANG W,COVI E,LIN Y. H,et al. Switching dynamics of ag-based filamentary volatile resistive switching devices—part II：mechanism and modeling[J]. IEEE

Transactions on Electron Devices,2021,68(9): 4342-4349.

[107]   CHEN P, YU S. Compact modeling of RRAM devices and its applications in
        1t1r and 1s1r array design[J]. IEEE Transactions on Electron Devices,2015,
        62(12): 4022-4028.

[108]   CHEN Y. Y,DEGRAEVE R,CLIMA S,et al. Understanding of the endurance
        failure in scaled HfO$_2$-based 1T1R RRAM through vacancy mobility
        degradation[C]//Proceedings of the 2012 International Electron Devices
        Meeting,2012: 20. 3. 1-20. 3. 4.

[109]   CHEN P, PENG X, YU S. NeuroSim +: An integrated device-to-algorithm
        framework for benchmarking synaptic devices and array architectures[C]//
        Proceedings of the IEEE International Electron Devices Meeting 2017: 6. 1. 1-6. 1. 4.

[110]   ZHANG W,PENG X,WU H,et al. Design guidelines of RRAM based neural-
        processing-unit: A joint device-circuit-algorithm analysi[C]//Proceedings of the
        2019 56th ACM/IEEE Design Automation Conference (DAC),2019: 1-6.

[111]   PENG X,HUANG S,LUO Y,et al. DNN+NeuroSim: An end-to-end benchmarking
        framework for compute-in-memory accelerators with versatile device technologies
        [C]//Proceedings of the 2019 IEEE International Electron Devices Meeting
        (IEDM),2019: 32. 5. 1-32. 5. 4.

[112]   WU H,YAO P,GAO B,et al. Device and circuit optimization of RRAM for
        neuromorphic computing[C]//Proceedings of the IEEE International Electron
        Devices Meeting (IEDM),2017: 11. 5. 1-11. 5. 4.

[113]   GAO L,WANG I. T,CHEN P-Y,et al. Fully parallel write/read in resistive
        synaptic array for accelerating on-chip learning[J]. Nanotechnology, 2015,
        26(45): 455204.

[114]   CHEN P,PENG X, YU S. NeuroSim +: An integrated device-to-algorithm
        framework for benchmarking synaptic devices and array architectures[C]//
        Proceedings of the 2017 IEEE International Electron Devices Meeting (IEDM),
        2017: 6. 1. 1-6. 1. 4.

[115]   TANG J,BISHOP D,KIM S,et al. ECRAM as scalable synaptic cell for high-
        speed, low-power neuromorphic computing [C]//Proceedings of the IEEE
        International Electron Devices Meeting 2018: 13. 1. 1-13. 1. 4.

[116]   XI Y, GAO B, TANG J, et al. In-memory learning with analog resistive
        switching memory: A review and perspective[C]//Proceedings of the IEEE,
        2020,109(1): 14-42.

[117]   JO S. H,CHANG T,EBONG I,et al. Nanoscale memristor device as synapse in
        neuromorphic systems[J]. Nano letters,2010,10(4): 1297-1301.

[118]   CHEN Z,WU H,GAO B, et al. Performance improvements by SL-surrent limiter
        and novel programming methods on 16MB RRAM chip[C]//Proceedings of the 2017

IEEE International Memory Workshop (IMW),2017: 1-4.

[119] SHIN J,PARK J,LEE J, et al. Effect of program/erase speed on switching uniformity in filament-type RRAM[J]. IEEE Electron Device Letters, 2011, 32(7): 958-960.

[120] YANG X,ZHU L,and ZHANG Q. Research on endurance evaluation for NAND flash-based solid state drive[C]//Proceedings of the 2017 IEEE/ACIS 16th International Conference on Computer and Information Science (ICIS),2017: 523-526.

[121] GROSSI A,VIANELLO E,SABRY M. M, et al. Resistive RAM endurance: Array-level characterization and correction techniques targeting deep learning application [J]. IEEE Transactions on Electron Devices, 2019, 66 (3): 1281-1288.

[122] LAMMIE C,RAHIMI A. M,IELMINI D. Empirical metal-oxide RRAM device endurance and retention model for deep learning simulations[J]. Semiconductor Science and Technology,2021,36(6): 065003.

[123] KANG J. Characteristics of Hf-based oxides and devices [J]. Micro/nano Electronics and Intelligent Manufacturing,2019,1(4): 4-9.

[124] WU W,WU H,GAO B,et al. Improving analog switching in HfO_x-based resistive memory with a thermal enhanced layer[J]. IEEE Electron Device Letters, 2017, 38(8): 1019-1022.

[125] ZHANG Y,MAO G-Q,ZHAO X,et al. Evolution of the conductive filament system in HfO_2-based memristors observed by direct atomic-scale imaging[J]. Nature Communications,2021,12(1): 7232.

[126] CHEN J,PAN W. Q,LI Y,et al. High-precision symmetric weight update of memristor by gate voltage ramping method for convolutional neural network accelerator[J]. IEEE Electron Device Letters,2020,41(3): 353-356.

[127] CHEN C. Y,FANTINI A,GOUX L,et al. Programming-conditions solutions towards suppression of retention tails of scaled oxide-based RRAM[C]// Proceedings of the 2015 IEEE International Electron Devices Meeting (IEDM), 2015: 10. 6. 1-10. 6. 4.

[128] LIN Y-D,CHEN P-S, LEE H-Y,et al. Retention model of TaO/HfO_x and TaO/AlO_x RRAM with self-rectifying switch characteristics [J]. Nanoscale Research Letters,2017,12(1): 407.

[129] BALATTI S,AMBROGIO S, CUBETA A,et al. Voltage-dependent random telegraph noise (RTN) in HfO_x resistive RAM[C]//Proceedings of the 2014 IEEE International Reliability Physics Symposium (IRPS), 2014: MY. 4. 1-MY. 4. 6.

[130] GONG T,DONG D,LUO Q,et al. Quantitative analysis on resistance fluctuation of

resistive random access memory by low frequency noise measuremen[J]. IEEE Electron Device Letters,2021,42(3): 312-314.

[131] YU S,JEYASINGH R, YI W, et al. Understanding the conduction and switching mechanism of metal oxide RRAM through low frequency noise and AC conductance measurement and analysis[C]//Proceedings of the 2011 International Electron Devices Meeting,2011: 12.1.1-12.1.4.

[132] HONG J-Y,CHEN C-Y,LING D-C,et al. Low-frequency 1/f noise characteristics of ultra-thin AlO_x-based resistive switching memory devices with magneto-resistive responses[J]. Electronics,2021,10(20).

[133] HSIEH C. C,CHANG Y. F,JEON Y,et al. Short-term relaxation in hfox/ceox resistive random access memory with selector[J]. IEEE Electron Device Letters,2017,38(7): 871-874.

[134] CHANG Y. F,DONNELL J. A. O,ACOSTA T,et al. eNVM RRAM reliability performance and modeling in 22FFL FinFET technology[C]//Proceedings of the 2020 IEEE International Reliability Physics Symposium (IRPS),2020: 1-4.

[135] HE W,SHIM W, YIN S, et al. Characterization and mitigation of relaxation effects on multi-level RRAM based in-memory computing[C]//Proceedings of the 2021 IEEE International Reliability Physics Symposium (IRPS),2021: 1-7.

[136] WANG X. H,WU H,GAO B,et al. Thermal stability of HfO_x-based resistive memory array: A temperature coefficient study[J]. IEEE Electron Device Letters,2018,39(2): 192-195.

[137] XU X,DING Y, HU S. X, et al. Scaling for edge inference of deep neural networks[J]. Nature Electronics,2018,1(4): 216-222.

[138] DING Y,JIANG W, LOU Q, et al. Hardware design and the competency awareness of a neural network[J]. Nature Electronics,2020,3(9): 514-523.

[139] BURR G. W,SHELBY R. M,SIDLER S,et al. Experimental demonstration and tolerancing of a large-scale neural network (165000 synapses) using phase-change memory as the synaptic weight element[J]. IEEE Transactions on Electron Devices,2015,62(11): 1-1.

[140] PEDRETTI G, AMBROSI E, IELMINI D. Conductance variations and their impact on the precision of in-memory computing with resistive switching memory (RRAM)[C]//Proceedings of the 2021 IEEE International Reliability Physics Symposium (IRPS),2021: 1-8.

[141] LIAO Y,GAO B,XU F,et al. A compact model of analog RRAM with device and array nonideal effects for neuromorphic systems[J]. IEEE Transactions on Electron Devices,2020,67(4): 1593-1599.

[142] LIAO Y,GAO B,ZHANG W,et al. Parasitic resistance effect analysis in rram-based tcam for memory augmented neural networks[C]//Proceedings of the

2020 IEEE International Memory Workshop (IMW),2020: 1-4.

[143] LO C. F. The sum and difference of two lognormal random variables[J]. Journal of Applied Mathematics,2012,2012(1): 838397.

[144] TROTTER H F. On the product of semi-groups of operators[J]. American Mathematical Society,1959,10(4): 545-551.

[145] LO C. F. The sum and difference of two constant elasticity of variance stochastic variables[J]. Applied Mathematics,2013,4(11): 9.

[146] COX J C,ROSS S. A. The valuation of options for alternative stochastic processes [J]. Journal of Financial Economics,1976,3(1): 145-166.

[147] CAI Y,WANG Z,YU Z,et al. Technology-array-algorithm co-optimization of rram for storage and neuromorphic computing: device non-idealities and thermal cross-talk[C]//Proceedings of the 2020 IEEE International Electron Devices Meeting (IEDM),2020: 13. 4. 1-13. 4. 4.

[148] YU Z,WANG Z,KANG J,et al. Early-stage fluctuation in low-power analog resistive memory: impacts on neural network and mitigation approach[J]. IEEE Electron Device Letters,2020,41(6): 940-943.

[149] YAN B,MAHMOUD A M,YANG J J,et al. A neuromorphic ASIC design using one-selector-one-memristor crossbar [C]//Proceedings of the IEEE International Symposium on Circuits and Systems (ISCAS),2016: 1390-1393.

[150] WANG Z,JOSHI S,SAVEL'EV S E,et al. Memristors with diffusive dynamics as dynaptic emulators for neuromorphic computing[J]. Nature Materials,2017, 16: 101-108.

[151] ZHAO Y,HUANG P,ZHOU Z,et al. A physics-based compact model for cbram retention behaviors based on atom transport dynamics and percolation theory[J]. IEEE Electron Device Letters,2019,40(4): 647-650.

[152] HUANG P,LIU X. Y,LI W. H,et al. A physical based analytic model of RRAM operation for circuit simulation [C]//Proceedings of the 2012 International Electron Devices Meeting,2012: 26. 6. 1-26. 6. 4.

[153] YUAN F Y,DENG N,SHIH C C,et al. Conduction mechanism and improved endurance in HfO_2-based RRAM with nitridation treatment [J]. Nanoscale Research Letters,2017,12(1): 574.

[154] LEE M, HO C, YAO Y. CMOS Fully compatible embedded non-volatile memory system with TiO_2-SiO_2 hybrid resistive-switching material[J] IEEE Transactions on Magnetics,2011,47(3): 653-655.

[155] LIU X,MAO M,LIU B,et al. RENO: A high-efficient reconfigurable neuromorphic computing accelerator design [C]//Proceedings of the 52nd Annual Design Automation Conference,2015: 1-6.

[156] KRIZHEVSKY A,HINTON G. Learning multiple layers of features from tiny

images[S]ed: Tech Rep. 7,2009.

[157] HUANG P,XIANG Y C,ZHAO Y D,et al. Analytic model for statistical state instability and retention behaviors of filamentary analog RRAM array and its applications in design of neural network [C]//Proceedings of the IEEE International Electron Devices Meeting (IEDM),2018: 40. 4. 1-40. 4. 4.

[158] XIANG Y,HUANG P,ZHAO Y,et al. Impacts of state instability and retention failure of filamentary analog RRAM on the performance of deep neural network [J]. IEEE Transactions on Electron Devices,2019,66(11): 4517-4522.

[159] KUMAR M,BEZUGAM S S,KHAN S,et al. Fully unsupervised spike-rate-dependent plasticity learning with oxide-based memory devices [J]. IEEE Transactions on Electron Devices,2019,66(11): 4517-4522.

[160] JOSHI V,LE GALLO M,HAEFELI S,et al. Accurate deep neural network inference using computational phase-change memory[J]. Nature Communications,2020,11(1): 2473.

[161] CONNEAU A,KIELA D,SCHWENK H,et al. Supervised learning of universal sentence representations from natural language inference data[J]. arXiv preprint arXiv:1705. 02364,2017.

[162] LI Y. Deep reinforcement learning: An overview[J]. arXiv preprint arXiv:1701. 07274,2017.

[163] RAM M. S,PERSSON K. M,and WERNERSSON L. E. controlling filament stability in scaled oxides (3 nm) for high endurance ($>$106) low voltage ITO/ HfO_2 RRAMs for future 3D integration[C]//Proceedings of the 2021 Device Research Conference (DRC),2021: 1-2.

[164] CHEN P-Y,YU S. Reliability perspective of resistive synaptic devices on the neuromorphic system performance[C]//Proceedings of the IEEE International Reliability Physics Symposium (IRPS),2018: 5C. 4.

[165] WU W,WU H,GAO B,et al. A methodology to improve linearity of analog RRAM for neuromorphic computing [C]//Proceedings of the 2018 IEEE Symposium on VLSI Technology,2018: 103-104.

[166] WANG W,LI Y,YUE W,et al. Study on multilevel resistive switching behavior with tunable ON/OFF ratio capability in forming-free ZnO QDs-based RRAM [J]. IEEE Transactions on Electron Devices,2020,67(11): 4884-4890.

[167] LIU B,TAI H. H,LIANG H,et al. Dimensionally anisotropic graphene with high mobility and a high ON/OFF ratio in a three-terminal RRAM device[J]. Materials Chemistry Frontiers,2020,4(6): 1756-1763.

[168] CHEN P, PENG X, YU S. NeuroSim: A circuit-level macro model for benchmarking neuro-inspired architectures in online learning [J]. IEEE Transactions on Computer-Aided Design of Integrated Circuits and Systems,

2018,37(12): 3067-3080.

[169]   YU S, SHIM W, PENG X, et al. RRAM for compute-in-memory: From inference to training[J] IEEE Transactions on Circuits and Systems I : Regular Papers,2021,68(7): 2753-2765.

[170]   CHEN Y Y,DEGRAEVE R,CLIMA S,et al. Understanding of the endurance failure in scaled HfO_2-based 1T1R RRAM through vacancy mobility degradation[C]// Proceedings of the IEEE International Electron Devices Meeting (IEDM), 2013: 20-23.

[171]   CHEN B,KANG J F,GAO B,et al. Endurance degradation in metal oxide-based resistive memory induced by oxygen ion loss effect[J]. IEEE Electron Device Letters,2013,34(10): 1292-1294.

[172]   ROBAYO D A,SASSINE G,RAFHAY Q,et al. Endurance statistical behavior of resistive memories based on experimental and theoretical investigation[J]. IEEE Transactions on Electron Devices,2019,66(8): 3318-3325.

[173]   LIAN X,CARTOIXà X,MIRANDA E,et al. Multi-scale quantum point contact model for filamentary conduction in resistive random access memories devices [J]. Journal of Applied Physics,2014,115(24): 244507.

[174]   MIRANDA E. A, WALCZYK C, WENGER C, et al. Model for the resistive switching effect in HfO_2 MIM structures based on the transmission properties of narrow constrictions[J]. IEEE Electron Device Letters,2010,31(6): 609-611.

[175]   KEMPEN T, WASER R, RANA V. 50x endurance improvement in TaO_x RRAM by extrinsic doping[C]//Proceedings of the 2021 IEEE International Memory Workshop (IMW),2021: 1-4.

[176]   WU P. Y,ZHENG H. X,SHIH C. C,et al. Improvement of resistive switching characteristics in zinc oxide-based resistive random access memory by ammoniation annealing [J]. IEEE Electron Device Letters, 2020, 41 (3): 357-360.

[177]   SONG Z,SUN Y,CHEN L,et al. ITT-RNA: Imperfection tolerable training for RRAM-crossbar-based deep neural-network accelerator[J]. IEEE Transactions on Computer-Aided Design of Integrated Circuits and Systems,2021,40(1): 129-142.

[178]   CHEN Y Y,GOVOREANU B,GOUX L,et al. Balancing SET/RESET pulse for$>10^{10}$ endurance in HfO_2/Hf 1T1R bipolar RRAM[J]IEEE Transactions on Electron Devices,2012,59(12): 3243-3249.

[179]   SOUDRY D,DI CASTRO D,GAL A,et al. Memristor-based multilayer neural networks with online gradient descent training[J]. IEEE Transactions on Neural Networks and Learning Systems,2015,26(10): 2408-2421.

在学期间完成的相关学术成果

发表的学术论文

[1] **Zhao M R**,Gao B,Tang J S,Qian H,Wu H Q. Reliability of Analog Resistive Switching Memory for Neuromorphic Computing[J]. Applied Physics Reviews(**APR**),2020,7:011301.(SCI 收录,WOS:000505541400001,**IF:19.162**,ESI 高被引论文)

[2] **Zhao M R**,Wu H Q,Gao B,Sun X,Liu Y,Yao P,Xi Y,Li X,Zhang Q,Wang K,Yu S,Qian H. Characterizing Endurance Degradation of Incremental Switching in Analog RRAM for Neuromorphic Systems[C]//IEEE International Electron Devices Meeting (IEDM),2018:20.2.1-20.2.4.(EI 收录,检索号:20190806543106)

[3] **Zhao M R**,Wu H Q,Gao B,Zhang Q,Wu W,Wang S,Xi Y,Wu D,Deng N,Yu S,Qian H. Investigation of Statistical Retention of Filamentary Analog RRAM for Neuromorphic Computing [C]//IEEE International Electron Devices Meeting (**IEDM**),2017:39.4.1-39.4.4.(EI 收录,检索号:20181505007875)

[4] **Zhao M R**,Gao B,Peng Yao,Zhang Q,Zhou Y,Tang J S,Qian H,Wu H Q. Crossbar-Level Retention Characterization in Analog RRAM Array-Based Computation-in-Memory System[J]. IEEE Transactions on Electron Devices (**TED**),2021,68(8):3813-3818.(SCI 收录,WOS:000678349800018,IF:2.917)

[5] **Zhao M R**,Gao B,Xi Y,Xu F,Wu H Q,Qian H. Endurance and Retention Degradation of Intermediate Levels in Filamentary Analog RRAM[J]. IEEE Journal of the Electron Devices Society (**JEDS**),2019,7(1):1239-1247.(SCI 收录,WOS:000506852100013,IF:2.484)

[6] **Zhao M R**,Wu H Q,Gao B,Liu Y,Yao P,Xi Y,Wu W,Li X,Zhang Q,Deng N,Qian H. Impact of Switching Window on Endurance Degradation in Analog RRAM[C]// IEEE Electron Devices Technology and Manufacturing Conference (**EDTM**),2019:267-9.(EI 收录,检索号:20192607103023)

[7] Wu H Q,**Zhao M R**,Liu Y,Yao P,Xi Y,Li X,Wu W,Zhang Q,Tang J S,Gao B,Qian H. Reliability Perspective on Neuromorphic Computing Based on Analog RRAM[C]// IEEE International Reliability Physics Symposium (IRPS),2019:4.(EI 收录,检索号:20192307017981,学生第一作者)

［8］ Liu Y,**Zhao M R**,Gao B,Hu R,Zhang W,Yang S,Yao P,Xu F,Xi Y,Zhang Q, Tang J S,Qian H,Wu H Q. Compact Reliability Model of Analog RRAM for Computation-in-Memory Device-to-System Codesign and Benchmark［J］. IEEE Transactions on Electron Devices（**TED**）,2021,68(6)：2686-2692.（SCI 收录,WOS：000652799800014,IF：2.917)

［9］ Hua Q,Wu H Q,Gao B,**Zhao M R**,Li Y,Li X,Hou X,Chang M,Zhou P,Qian H. A Threshold Switching Selector Based on Highly Ordered Ag Nanodots for X-Point Memory Applications［J］. Advanced Science,2019,6：1900024.（SCI 收录,WOS：000468187200016,IF：16.806)

［10］ Yao P,Zhang W,**Zhao M R**,Lin Y,Wu W,Gao B,Qian H,Wu H Q. Intelligent Computing with RRAM［C］// IEEE International Memory Workshop（**IMW**）, 2019.（EI 收录,检索号：20192707148856)

［11］ Xiang Y,Huang P,Zhao Y,**Zhao M R**,Gao B,Qian H,Wu H Q,Liu X,Kang J. Impacts of State Instability and Retention Failure of Filamentary Analog RRAM on the Performance of Deep Neural Network［J］. IEEE Transactions on Electron Devices（**TED**）,2019,66(11)：4517-4522.（SCI 收录,WOS：000494419900003, IF：2.917)

［12］ Lastras-Montaño M,Zamudio O,Lev G,**Zhao M R**,Wu H Q,Cheng K. Ratio-based Multi-level Resistive Memory Cells［J］. Scientific Reports,2021,11：1351. （SCI 收录,WOS：000626774100065,IF：4.380)

［13］ Liu Y,Gao B,**Zhao M R**,Qian H,Wu H Q. The Impact of Endurance Degradation in Analog RRAM for In-Situ Training［C］// IEEE International Symposium on the Physical and Failure Analysis of Integrated Circuits（**IPFA**）,2019.（EI 收录, 检索号：20201408377924)

［14］ Gao B,Zhou Y,Zhang Q,Zhang S,Yao P,Xi Y,Liu Q,**Zhao M R**,Zhang W,Liu Z,Li X,Tang J,Qian H,Wu H. Memristor-based Analogue Computing for Brain-inspired Sound Localization with in situ Training［J］. **Nature Communication**, 2022,13(1)：2026.（SCI 收录,WOS：000784997300102,IF：14.919)

［15］ Xi Y,Gao B,Tang J S,Mu X,Xu F,Yao P,Li X,Zhang W,**Zhao M R**,Qian H, Wu H Q. Impact and Quantization of Short-Term Relaxation effect in Analog RRAM［C］//IEEE Electron Devices Technology & Manufacturing Conference （EDTM）,2020.（EI 收录,检索号：20204109314614)

［16］ Hu Q,Gao B,Tang J S,Hao Z,Yao P,Lin Y,Xi Y,**Zhao M R**,Chen J,Qian H, Wu H Q. Identifying relaxation and random telegraph noises in filamentary analog RRAM for neuromorphic computing［C］// IEEE Electron Devices Technology & Manufacturing Conference（**EDTM**）,2020.（EI 收录,检索号：20212210424861)

［17］ Zhou Y,Gao B,Zhang Q,Yao P,Geng Y,Li X,Sun W,**Zhao M R**,Xi Y,Tang J S, Qian H, Wu H Q. Application of Mathematical Morphology Operation with

Memristor-based Computation-in-memory Architecture for Detecting Manufacturing Defects[J]. Fundamental Research,2022,2(1)：123-130.

研 究 成 果

[1] 高滨,**赵美然**,吴华强,等.阻变存储器件:中国,CN114068617A[P].2022-02-18.

[2] 吴华强,**赵美然**,高滨,等.测试设备和测试方法:中国,CN112863589A[P].2021-05-28.

[3] 高滨,**赵美然**,吴华强,等.非电易失性组合存储器件及其操作方法:中国,CN112071345A[P].2020-12-11.

[4] **赵美然**,吴华强,高滨,等.阻变存储器测试方法以及测试装置:中国,CN109273044A[P].2019-01-25.

致　　谢

在清华园五年半的时间里，千言万语唯有感恩。感谢清华教给我"行胜于言"这个做人做事的道理，在未来的工作中我将一直奉行母校的教诲，为祖国健康工作五十年。

感谢我的导师高滨老师对我多年的栽培和帮助。我非常荣幸成为高老师第一个博士生，高老师是我的科研启蒙导师和领路人。每当我感到科研受阻的时候，高老师的建议总是能给我醍醐灌顶、茅塞顿开的感觉，其敏锐的学术洞察力总是能指引我前进的方向。高老师不仅是我的授业恩师，也帮助我构建了一丝不苟，精益求精，同时保持热忱，积极乐观的学术观。感恩老师一直以来的关怀和教导。

感谢吴华强老师对我的教诲和指导。吴老师教育我们科研工作要志存高远，要"Aim High"，同时吴老师对待科研工作的热情和努力进取的精神也深深激励着我们，让我们终身受益。吴老师也关心我的个人成长和工作进展，每次交流都让我有所思考有所收获。感谢老师对我的倾心培养。

感谢钱鹤老师对我的帮助。钱老师学识渊博，儒雅随和，是大学里的"大师"。同时钱老师对学术和工作严谨、真诚与谦逊的态度，对我产生了深刻的影响。

感谢唐建石老师对我的科研工作的帮助和指导。唐老师总是能敏锐地极具洞察力地捕捉到科研工作的创新方向，每次交流都能让我获得灵感。并且组会上唐老师的发问总是能直击问题核心，让我对科研工作保持自省。

感谢李辛毅老师、潘立阳老师、张志刚老师等对我的帮助和指导。

感谢姚鹏师兄、张清天师兄、庞亚川师兄、吴威师兄、廖焱师兄、章文强师兄、刘琪师姐、王欣鹤师姐、王珊师姐、王小虎师兄、胡琪师兄等在科研和生活上对我的帮助。

感谢周颖和席悦从大学到博士九年的陪伴，感恩有你们。感谢郑小健师妹两年的朝夕陪伴。感谢林博瀚、刘正午、刘宇一、林钰登、李怡均、龚汉文、张文彬、秦琦、陆禹尧、胡若飞等课题组所有师弟师妹们的支持和帮助。

　　感谢男朋友黄泽川博士,我们相互鼓励,共同成长就是最美好的事。

　　感谢父母和家人们背后的支持。爸爸妈妈是我倾诉的窗口,您无条件地信任和鼓励给我勇往直前的无限动力。

　　真诚地感恩关心我、鼓励我、帮助我的每个人。感恩这段时光,感恩清华园。希望今后的自己不负师恩,再接再厉。